LA
GEOMETRIE. FRANÇOISE
OV. LA PRATIQVE
AISSEE.
POUR APPRENDRE SANS
MAISTRE.
l'Arpentage des Figu
res accessibles et inac
cessibles, mesures et toisez
des Fortifications: et tou
tes Sortes de bâtimens
pour ceux qui n'ont connois
sance des Mathematiques, auec la
Clef Arithemetique pour ses operation
Par le Sieur DE BEAULIEU Ingenieur,
Geographe du Roy, Arpenteur juré
ordinaire de sa Majesté au departe
ment de la Rochelle.
A PARIS
Chez Charles de Sercy
dans la grande Salle du
Palais à la bonne Foy
Couronné.

LA GEOMETRIE FRANÇOISE, OU LA PRATIQUE AISE'E.

POUR APPRENDRE SANS MAISTRE l'Arpentage des Figures accessibles & inaccessibles, mesures & toisez des Fortifications; & toutes sortes de bâtimens pour ceux qui n'ont connoissance des Mathematiques, avec la clef Arithemetique pour ses operations.

La quadracture du Cercle ou la pratique & reduction des Cercles, Segmens, Elipses, Paraboles, Hiperboles, & Scixtions coniques & cilindriques, en leur quarré parfait, leurs applications au toisé des courbe-lignes, des Architectures civille, navalle & militaire en faveur des sçavans.

Par le Sieur DE BEAULIEU *Ingenieur, Geographe du Roy, Arpenteur juré ordinaire de sa Majesté, au departement de la Rochelle.*

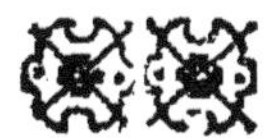

A PARIS,
Chez CHARLES DE SERCY, au Palais, au sixiéme Pilier de la Grand'Salle, vis-à-vis la Montée de la Cour des Aydes, à la Bonne-Foy Couronnée.

M. DC. LXXVI.

AVEC PRIVILEGE DU ROY.

AUX LECTEURS sçavans, & à tous ceux qui n'ont que la simple lecture & écriture pour fond de science.

MESSIEURS ce Traitté Geometrique, nouvellement composé pour l'utilité publique, particulierement pour ceux qui n'ont aucune connoissance des Mathematiques, & comme le nombre en est infiniment plus grand, que de ceux qui en font profession; aussi est-ce pour le bien public & particulier d'iceux qui ont de l'amour pour la vertu, qui ne la connoissent pas, que j'ay composé ce Traité, ou soit que leurs Emplois, Charges, Arts, Qualitez & Conditions les privent de ce vertueux exercice de la derniere importance (à la societé civile) ç'a esté, dis-je, pour les susdits amateurs de cette Partie de vertu Geometrique, que mes soins se sont portez à leur rendre accessible, intelligible, familliers; ce que tous les Sçavans tant anciens que modernes ont voilé & rendu comme inaccessible. Si bien que ce qu'ils ont estimé ne pouvoir estre compris & entendu que en plusieurs années, je le fais comprendre & concevoir à toutes conditions, charges, professions, s'en peuvent rendre capables sans autre maistre que la seule theorie de ce Traité, en le lizant en leurs heures de recreation, ou au moment de leur commodité.

LE Jurisconsulte y peut observer la mesure, nombre, & quantité d'arpens, sçavoir en quoy il consiste, pour bien justement asseoir ses Jugemens & questions de droict en tous partages, divisions de bien, &c.

L'INGENIEUR & Mareschal des Logis d'Armées, Geographe, Topographe, aspirant à cet Art, trouveront la facilité en ce Traitté, pour prendre la distance des Villes, largeur des Rivieres sans passer au travers, hauteur des Montagnes, profondeur des Vallées, Fossez, Tours, Clochers, Donjons, Hauteur, circuit des Bois de haute fustaye, & bois taillis, le tout par la pratique familiere enseignée en cette Partie. Tellement que depuis la condition du Laboureur jusques au plus experimenté Geometre ils apprendront par l'uzage de cette Science toutes operations Geometriques, tant accessible que inaccessible.

LES Architectes & Maistres Massons, & tous Professeurs du trait, Charpentiers, Couvreurs, Chefs des Ouvriers militaires, trouveront icy en general la derniere facilité pour toute espece de toizé tant Cubique que superficielle.

MESSIEURS les Bourgeois qui font ou veulent faire bâtir, apprendront icy les precautions qu'ils doivent prendre, tant pour leur dépense, que pour les differentes toizes, qui sont selon les Us & Coustume de Paris; generallement propres à tous Estats, Dignitez & Conditions.

Tellement que l'on peut dire cét ouvrage estre l'Enciclopedie & abbregé general de ce qui depend universellement de la Geometrie, puisque toutes les fractions qui la composent sont reunie

AVIS AU LECTEUR.

en ce Traité en sa totalle Partie pour le soulagement de tous les sçavans, & specialement pour ceux qui n'en ont aucune lumiere.

AVANT-PROPOS de l'Auteur à toutes conditions ſur le ſujet de l'Origine & commancement de la Geometrie, des premiers Hommes qui s'en ſont ſervis, les premiers inventeurs d'icelle.

'ART & Science de la Geometrie n'eſt pas moins ancienne que le Monde; & je puis avancer ſans paradoxe avec Ariſtote, qu'elle a eſté de toute Eternité, ſelon que ce Philoſophe l'a luy-meme enſeigné à ſes Diſciples, non pas comme dit Platon, que ce Monde Phyſique & materiel ſoit creé de toute Eternité; mais comme diſent les Saints Peres, il a esté creé de toute eternité en la presence eternelle de Dieu, Souverain Createur de cet orbe terrestre & vaste Univers, selon que le Saint Esprit nous a parlé par la bouche de ses Saints Prophetes, qui nous enseignent que ce Souverain Createur en creant le Monde l'a formé & composé par les trois plus nobles armonies ou qualitez dont sa Divine Essence pouvoit faire, en ce qu'il a tout ordonné en nombre, poids & mesure, qui nous donne par là les trois glozes ou trois qualitez essentielles qui forment & composent le corps de la Geometrie, & qui sont posées en cette Science comme la baze & fondement d'icelle.

LA premiere qualité qui regarde les nombres, nous montre clairement que la Geometrie contenant en elle un nombre de Figures que cette Science divise en plusieurs axiomes diversement nommez, fait voir aussi par mesme moyen la liaison & enchainement de cette partie, qu'elle nomme d'un nom special, Arithmetique.

L'EMPLOY de laquelle partie est de distinguer & clairement separer le nombre d'avec le poids qu'elle divise en quatre, sçavoir addition, multiplication, soustraction, division, les poids sont tous dépendans de cette partie, & ont une telle conjonction l'un & l'autre, que le nombre & le poids vont de pair égal.

POUR la mesure, c'est ce qui est d'essentiel & particulier à la Geometrie. Cette mezure a esté si recherchée, que de Siecle en Siecle depuis son origine jusques à nôtre temps, tous les Hommes sçavans se sont employez à la recherche exacte d'icelle : Et depuis que l'interest s'est insensiblement glissé en la societé civile des Hommes, & que le mot de tien & de mien est venu en uzage, ç'a esté pour lors que la necessité, mere des sciences & inventions, a obligé les Hommes à observer de plus prés cette partie de mesure, & que ce qui en son origine n'estoit que un jeu d'enfant, est devenu le sujet de la plus haute speculation des plus grands Hommes, pour raison des diverses figures qu'ils ont donné à cette pratique Geometrique.

LES Egyptiens de leur temps & splendeur ont esté les premiers du Monde qui ont commencé à banir de chez eux la Rusticité ancienne, les Loix ayant peu à peu contraint ces peuples à embrasser la vertu, en telle sorte que la Geometrie commança en Egypte à avoir lieu chez iceux par la necessité qu'ils en eurent, & des differents qui arrivoient entr'eux, pour la raison que cette partie du Monde estant située sur la ligne Equinoxialle & Meridionalle, laquelle est toûjours en quelque temps & saison de l'année que ce soit, chaude & seraine, sans sentir aucune pluye, à quoy la Providence ayant preveu par un cours naturel des deux Equinoxes, c'est à dire le 21 Juin & 21 Decembre, le Fleuve de cette Province, nommé Nil se deborde pendant 15 jours, en telle sorte qu'il submerge tout ce Royaume, & par son limon bourbeux rend ce païs égal, & toutes ces campagnes, ce qui faisoit que les possessions des Habitans estoient inconnuës aprés le debordemēt d'iceluy, ce qui causoit un grand démelé & different entre ces peuples; à cause dequoy, Philadelphe, Ptolomée, & tous leurs successeurs ordonnerent que les Prêtres qui estoient oisifs se porteroient à estudier une science, par laquelle les possessions d'un chacun fussent tellement limitées &

bornées, que durant & aprés le debordement du Nil, chacun pust reconnoistre sa possession sans méprise & sans trouble.

CES Prêtres ordonnez travaillerent de tout leur pouvoir à l'invention de cette science & partie de Geometrie, que nous nommons parmy nous vulgairement ARPENTAGE.

APRES ces sçavans Hommes a succedé un des Rois de la mesme Egypte, nommé Atlas, qui de la connoissance de l'arpentage est parvenu à plus haute perfection; puisque ce fut le premier inventeur de l'Astrologie speculative; ce qui a obligé les Poëtes de le feindre porter le Ciel sur ses épaules, comme Ovide & autres.

ARCHIMEDE de Siracuse, le plus fort genie qui ait paru en son Siecle, s'est tellement porté à la recherche exacte des figures Geometriques, qu'aprés avoir passé la meilleure partie de sa vie en cette science, il fut assassiné au sac de Siracuse par l'un des Soldats de Marcellus en son cabinet, en recherchant à quadrer une ligne circulaire pour la reduire au quaré; ce que nous appelons quadrature du Cercle, inconnuë à tous les Siecles jusques à present, & nouvellement découverte par l'Auteur de ce present Traité.

EUCLIDES Megarien s'est acquis la plus haute reputation & perfection de cette science ; puis que de tous les Auteurs qui en ont traitté, la posterité luy a la plus grande obligation, à raison du soin particulier que ce sçavant Homme a pris d'illustrer la Geometrie de quinze Elemens ou livres par un volume ; mais toutesfois si obscur à nos François, que nous pouvons dire, qu'il faut estre Grec en cette science pour la bien entendre, pour raison des divers Theoremes, qui ne peuvent estre rendus intelligibles qu'aux sçavans, & pratiqué en cet Art.

ET comme ce sçavoir est de la derniere consequence à la societé civile des Hommes en toutes conditions, divizé & entendu sous les trois Estats, qui composent l'Estat politique, sçavoir l'Ecclesiastique, le Noble & le Laïque. La partie Laïque estant aussi grande que les deux autres, composé d'Officiers de Iustice & Milice, Marchands, Artisans, Navigateurs, gens qui la plûpart n'ont pour toute étude que la simple lecture & écriture, qui pourtant pour leurs interests publics & particuliers ont beſoin du ſecours de cette ſcience, tant pour leurs affaires domeſtiques en cas de partage, diviſions de leurs terres, poſſeſſions. Toutes ces conſiderations dis-je, m'ont meu à la rendre familiere, intelligible à chacun, & la rendre mecanique ſous le tiltre de la Geometrie Françoiſe, qui veut dire, qu'il ne faut eſtre Grec, ny Latin pour connoiſtre ſes figures par les diffinitions de leurs noms, termes uſitez chez les plus Experts Geometres, & la meſure d'icelles figures ſans renvoy Alphabetique que d'une ſeule Lettre à chaque demonſtration, pour ne point preoccuper le Lecteur par une infinité de renvois de A à B, de C à D, ainſi du reſte, qui detourne l'attention du Lecteur, qui ne cherche que à gouter d'abort ce qu'on luy propoſe, ſans autre argumens & renvois inutils.

JE ne fay pas de doute icy que l'envie accompagné de ſa dame ſuivante, la mediſance, ne trouve dequoy blâmer ma trop grande familiarité en cette ſcience, & m'accuſer d'en ignorer les plus ſecrets principes; mais je prie ces Meſſieurs, & les conjure, que s'ils ne trouvent pas dequoy ſe ſatisfaire, qu'ils ayent à voir la quadrature du Cercle de l'Auteur nouvellement découverte, aprés dix années de recherche; & là je me fais fort & assure que moyennant l'aide du Pere des Lumieres, que le plus obstiné changera d'avis, s'il a tant soit peu d'estime pour la vertu, sans autre consideration que d'elle-mesme.

POUR le public aura toûjours icy dequoy se satisfaire, specialement ceux qui sont dans les affaires civiles de Justice, nommé des Cours Souveraines ou Subalternes pour les descentes sur les lieux, pour diviser, arpenter heritages & possessions.

POUR retourner à nôtre propos touchant les Inventeurs de cette Science Geometrique, nous dirons que PITAGORE Philosophe en a écrit & traitté tres particulierement; & nous pouvons dire de luy, que ses nombres mystiques & sçavant composé de sa roüe en sont des marques tres-autentiques, en ce que mesme de son temps il en a fait profession publique.

VICTREVE POLION, sous Cesar Auguste l'a tellement honorée, que outre dix livres particuliers qu'il a faits sur les Sciences Civiles, commençant par l'Architecture & Art militaire, il à fait un Traité Geometrique tres-particulier.

LES PERES de l'Eglise, speciallement l'Apôtre de France Saint Denis l'Areopagite, converty par Saint Paul, en a fait publique profession, & l'a enseignée dans Athene dix ans devant sa conversion.

ALBERT le Grand, M^e de l'Angelique Docteur Saint Thomas en a fait un volume particulier: Et pour dire en general, tous les grands Saints ont honoré cette Science; en telle sorte que depuis quinze Siecles sa pratique a esté illustrée par un nombre considerable d'Auteurs de toute conditions, depuis la Dignité Royale jusques au vulgaire.

ZOROASTE, Roy des Bactriens a tellement honoré la Geometrie, que outre que luy-mesme en a traitté, il en faisoit de son temps une espece de Religion, & nul ne pouvoit aspirer au ministere de ses Estats, que prealablement ils ne fussent experts non seulement en la Geometrie, mais encore en l'Astrologie & dependance des Mathematiques.

ALPHONSE, Roy de Castille, s'est

tellement adonné à cette science, que sa reputation durera jusques à la consommation des Siecles.

TICOBRAE', que quelques-uns veulent avoir esté Roy de Danemark, s'est rendu en nos derniers Siecles un miracle de Science, par la pratique de la Geometrie, qui la conduit au merveille dont il nous a écrit touchant l'Astrologie.

COPERNIC Allemand, ne s'est pas moins rendu illustre par ses doctes écrits; & nous pourrions dire de luy, qu'il seroit le seul & unique en la force de ses Problémes, si sa trop grande presomption ne l'avoit porté à avancer en cette Science une proposition aussi absurde, qu'elle est contre la Foy & raison, en faisant la circonference d'un Cercle fixe, immobile, & le centre mobile, sur lequel principe Geometrique, il a avancé en son Traitté Astrologique le Soleil fixe, & la Terre mobile.

JE tairay icy sous silence les Oeuvres de nos derniers Geomettres de cette tant florissante Ville de Paris en ce dernier Siecle, d'Horonse Phine, d'Hanrion, Forcadel, Clavius, Comadin, Dunot, tous Interprettes d'Euclides, dont les œuvres ſont aſſez publiques, mais toutes fort cachées au public, pour raiſon qu'ils ont eſtimé profaner la nobleſſe de cette Science en la rendant vulgaire, & du peu de ſoin qu'ils ont pris à expliquer les termes Grecs de la Geometrie, pour les rendre connus & familiers à toutes conditions.

POUR conclure cét Avant-propos, & pour me rendre en terme Geometrique, acceſſible à toutes ſortes de gens & qualitez, je prie les vertueux & de bonne volonté de recevoir ce Traitté de Geometrie familier, comme une marque de mon affection publique envers les amateurs de cette Science; & d'eſtre perſuadé, s'il leur plaiſt, que je n'expoze rien ici que je n'aye pratiqué en diverſes rencontres au ſervice de noſtre triomphant Monarque, ſous les Ordres de feu Monſeigneur l'Amiral, Duc de Beaufort, pendant dix ans en pluſieurs occaſions & rencontres en la Marine, tant en la conſtruction des Vaiſſeaux de Sa Majeſté, que en Plans, Cartes Geopraphique, Hidrographique & Topographiques, ſelon les neceſſitez, ordre de feu son Altesse, prés de laquelle j'ay fait la fonction d'Ingenieur pendant le temps dit cy-dessus. Et comme cy-aprés je feray, s'il plaist à Dieu, connoistre par les Livres generaux & particuliers des dépendances generales des Mathematiques, que je pretens produire au jour sous differents sujets & titres.

COMME la Geometrie est la baze de cesdites Sciences, j'ay bien voulu commencer mon edifice par ce fondement. Avertissant en cette fin d'Avant-propos, que par ce Traitté je donne la connoissance tant par theorie que par pratique de toute espece de mesure de quelque nature qu'elle se puisse rencontrer au commerce des Hommes, soit de l'arpentage par ses differentes perche, corde, chaine, gaulle, verge, cane, pans, ou soit de toute espece de toizé, par toize, cube, caré & solide, ou en superficie planes, tant des figures Geometriques, que de tous autres objets accessible ou inaccessible, regulier ou irregulier. C'est ce que j'avois à instruire le Lecteur en cet Avant-propos, & à le prier de l'observer ponctuellement, attendu que c'est la clef ou l'ouverture de ce Traité.

TABLE DES NOMS propres vzitez en l'exercice pratique de la Geometrie.

LA GEOMETRIE contient quatre Parties; Sçavoir, la Planimetrie, qui veut dire toute superficie, planes, unie, ou de plein-pié, sans haußer ny baißer.

LA LONGIMETRIE veut dire, toute longueur & largeur des superficies planes & unie de la Planimetrie.

L'ALTIMETRIE, veut dire une hauteur, soit d'une Maison, Donjon, Clocher, Tour, Montagne, & autres objets Orthogonels, qui veut dire en Grec élevé sur le pied ou plan Geometral.

SETEREOMETRIE, veut dire corps solide, ayant ses trois dismantions, hauteur, largeur & profondeur.

Ses quatre parties ont quatre principe, sçavoir,

LE Point, la Ligne, la Superficie, ou plat de terre, aire, ou planchez, plate campagne, luny de ses objets se nomme superficie, le corps est ce qui est contenu dans lesdites superficies.

Aprés ces quatre principes que d'abondant je repete.

Le Point.
La Ligne.
La Superficie.
Le Corps.

Les Dimantions des Corps solides & superficies planes, sçavoir,

Longueur.
Largeur.
Profondeur.

Noms des Lignes.

Ligne droite.
Ligne Diagonalle.

Ligne punctée ou Ligne de point.
Ligne courbe.
Ligne perpendiculaire.
Ligne ſpirialle.
Ligne de circonference.
Ligne paralelle.

Noms des Angles.

Angle droit.
Angle aigu.
Angle obtus.

Noms des Triangles.

Triangle Iſopolure ou Rectangle.
Triangle equilatra.
Triangle Iſoſelle.
Triangle Scalene.
Triangle Orthogonne.
Triangle Oxigonne.
Triangle Ambligone.
Oxcaſedron, qui veut dire quaré Geometrique.
Quaré long ou paralelograme.

Noms des Figures Ambligone & Polligonne.

Rombe.
Rhemboide.

Trapeze.
Trapeziode.
Eptagone à cinq Poligonne ou cinq Pans.
Sexagonne six pans.
Septagonne sept pans.
Hortogonne huit pans.
Neuptatgonne.
Dequagonne.
Dedocacedron.

Observant qu'à mesure que ses Figures augmentent de pans, elles augmentent de noms, & vont à l'infiny.

Des Figures élevées sur leurs bazes Geometralles & Orthogonelles.

Le Cilindre, Cone, Pantacedre, Obelisque, Piramide, Prisme, Turcie, Parapels.

Des Figures regulieres & irregulieres, accessibles & innaccessibles.

Accessible, veut dire ce qui peut facillement se laisser approcher & rendre connu.

Inaccessible ce qui est inabordable, que l'on ne peut approcher que de loin.

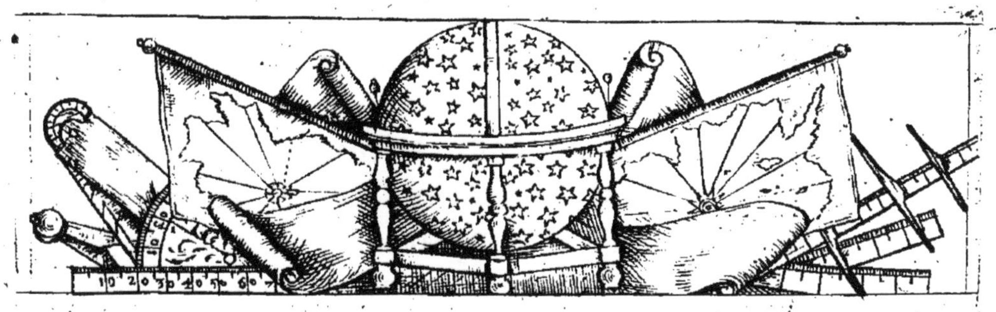

LA GEOMETRIE FRANCOISE, comprenant l'Arpentage, le Toisé, & generallement toutes operations Geometriques. Pour l'utilité publique, pour l'interest general & particulier de toutes conditious dans les trois Estats qui composent cette Monarchie.

DIFINITION I.

A GEOMETRIE dans le sentiment commun & general de tous les Sçavans, specialement des Peres d'icelle, comme Archimede, Huclide, Theodoze, Ptolomée, & autres venerables Auteurs qui ont traité, comme enfanté, & produit cette Science, l'ont toûjours admis pour baze & fondement de toutes les dépendances universelles des Mathematiques. En effet la necessité de la Geometrie en la vie civile est d'une telle importance à la societé & commerce des Hommes, soit pour l'utilité, soit pour l'agreable, que la connoissance en doit estre indispensable à tous les Hommes en general & particulier.

LES Prelats en doivent estre instruits pour la connoissance au vray de l'estenduë de leur Diocese.

LES Empereurs, Rois, Monarques, Princes la doivent sçavoir, ou du moins connoistre superficiellement, pour estre instruits au vray de l'estenduë, longueurs & largeurs des bornes & limites de leurs Empires, Royaumes, Estats, & Provinces.

L'HOMME de Droict ou le Jurisconsulte la doit sçavoir, pour rendre en justice & équité les usurpations des Terres, Domaines & partages qui peuvent échoir à juger pardevant luy.

LE Laïque la doit sçavoir pour son

interest particuller, afin que lors qu'il s'agist de partager ses terres entre ses coheritiers, par le defaut de cette Science, il soit frustré de la meilleure part de son bien, comme il arrive la pluspart du temps pour ignorer ses principes.

TOUTES lesquelles necessitez montrent & font clairement voir l'utilité de cette connoissance Geometrique.

A l'Ingenieur pour ses Cartes & Plans Geographiques.

A l'Architecte pour ses Plans Geometriques des bâtimens privez & publics.

AU Masson pour le toizé de ses murailles, fondations, mambre de grosse & petite Architecture.

AUX Mareschaux des Logis d'Armées pour l'assiete des logemens & departemens des Regimens en camp retranché.

A l'Arpenteur pour ses Plans d'arpentages.

ET generallement necessaire à tous ceux qui veulent ou aspirent parvenir aux degrez, Charges des Armes & emplois militaires.

POUR commencer à traitter cette Science, elle sera traitée par le commencement de ses difinitions, consistant en les Poincts, Lignes, Figures, Angles, Triangles, Poligonne, Quadrandulaire, Pantagonelle, Ortogonelle, le tout par abregé, toutesfois sans rien obmettre de tout ce qui peut estre necessaire esdites Figures pour l'intelligence & lumiere de cette Science, laquelle est unique en ses operations, comme il sera cy aprés declaré, par les difinitions & demonstrations suivantes, dont la pratique generalle & particuliere sera facillement entenduë & comprise en la theorie & pratique intelligible de ce Traitté.

DIFINITION II.

Du poinct ou centre.

LE poinct selon les Geometres est indivisible, & ce poinct est communement appellé centre, attendu qu'il est toûjours supposé estre au milieu de toute circonference; & pour le rendre palpable, on le fait physique; c'est à dire marqué & reel de quelque apparence, quoy que selon les Mathematiciens il est imperspectible, & se nomme par iceux point donné, ou imaginé, comme le point marqué A, en la planche des demonſtrations Geometriques.

DIFINITION III.

Des Lignes en general. De la Ligne droite.

TOUTE Ligne ſoit droite, perpendiculaire, de niveau, paralelle, ligne ſpirialle, ligne courbe, ligne punctée, diagonnalle, commencent toutes par un point prolongé, & ſont bornées par un autre point, comme les Lignes ſuivantes, commençant par la Ligne, qui eſt celle qui eſt égallement droite, tant d'un côté que d'autre, eſt nommée mecaniquement par les Artiſtes, Ligne de Niveau, comme la demonſtration de ſa figure marquée B. ainſi qu'il ſe voit en la planche des demonſtrations Geometriques jointe cy-aprés.

DIFINITION IV.

De la Ligne Paralelle.

LIGNES Paralelles ſont celles qui égallement ſe rençontrent ſans ſe croiſer, & font leurs diſtances de pair & égalle entre elles, comme les Paralelles figurée & marquée C.

DIFINITION V.

De la Ligne Diagonnalle.

LA Ligne Diagonnalle eſt celle qui panchant égallement d'un Angle droit à un autre, diviſe en deux un caré parfait, comme la demonſtration ſuivante marquée D.

DIFINITION VI.

De la Ligne Perpendiculaire.

LA Ligne Perpendiculaire eſt celle qui partant d'un poinct à un autre pendant ſur iceluy, & eſt appelée mecaniquement chez les Artiſtes & ouvriers, Ligne à Plomb, comme la figure marquée E. en la planche de demonſtration.

DIFINITION VII.

De la Ligne Courbe.

LA Ligne Courbe eſt une partie de Cercle ou Circonference bornée entre deux poincts, comme la figure & demonſtration marquée F.

DIFINITION VIII.

De la Ligne Punctée.

LA Ligne Punctée eſt celle qui eſt bornée entre deux poincts, & prolongée de divers poincts, comme la figure & demonſtration marquée K.

DIFINITION IX.

De la Ligne Spirialle.

LA Ligne Spirialle eſt communement nommée chez les Artiſtes, Ligne rompuë, pour raiſon des diverſes ſtations, tours & détours que fait cette Ligne, ſon uzage particulier eſt chez les Ouvriers, comme Architectes, Maſſons, Menuiſiers eſt employé au trait de la colomne torſe, ſa figure & demonſtration eſt marquée G.

DIFINITION X.

De la Figure Circulaire.

LA Ligne Circulaire ou de Circonference eſt celle qui commence par un poinct prolongé, eſt bornée & terminée du meſme poinct, comme la figure marquée L.

Difinition XI.

De la Ligne Ovalle.

LA Ligne Ovalle n'eſt autre choſe qu'une Ligne Circulaire, berlongue, comme il ſe peut voir par la figure marquée I. en la planche des demonſtrations des preſentes difinitions.

Difinition XII.

De l'Ovalle croizé, & ſa forme Geometrique.

L'OVALLE croizée étant tres-ſubtile, laquelle ſans regle par le ſeul uſage du compas, vous formez une Ovalle fort reguliere, vous croizez deux traits de vôtre compas, dont les traits ſont doubles, en forme d'un Lozange, lequel a quatre poincts, au poinct du haut & bas dudit l'Ozange vous décrivez deux demy Cercle ſur les deux autres poincts avec ledit compas vous renfermez leſdits demy Cercles comme la demonstration marquée H. le prouve.

DIFINITION XIII.

De la mesure & proportion des Ovalles communes.

L'OVALLE commune se forme en cette sorte, aprés avoir cy-devant décrit ce que c'est, on fait une perpendiculaire, laquelle estant divisée en trois parties, on prend deux desdites parties avec le compas à chaque bout de la pers.pendiculaire vous portez le compas sur les poincts croizez, qui sont formez, & à chaque tiers de la perspendiculaire vous formez deux demy Cercles, lesquels on renferme par les poincts, comme est l'Ovalle marquée I. T.

DIFINITION XIV.

De trois poincts donnez ou perdus les renfermer dans un Cercle.

LES trois poincts perdus ou poincts donnez, sont trois poincts jetez selon que le hazard le peut faire ſur table ou papier, on les renferment de cette ſorte; premierement vous poſez ſur leſdits trois poincts la pointe de compas, en telle ſorte que vous decrivez deſdits trois poincts un quatriéme, où vous poſez la pointe de compas & de cedit quatriéme poinct, immanquablement vous renfermez les trois poincts donnez ſuſdits, comme il ſe peut voir en la pratique mecanique qu'on en peut faire.

DIFINITION XV.

Du trait quaré.

LE trait quaré ſe forme de deux Lignes; l'une perpendiculaire, & l'autre droite. On diviſe ladite perſpendiculaire en trois parties égalles, deſquelles vous prenez deux tiérs de ladite perſpendiculaire, & enfermez les poincts croizez, comme il ſe voit en la figure de demonſtration.

IL faut obſerver que ce trait quaré eſt figuré en l'Ovalle marqué I. ſa demonſtration eſtant neceſſaire pour former ladite ovalle.

Difinition XVI.

De l'Ovalle en deux Cercles.

L'OVALLE par deux Cercles se fait ainsi : On décrit deux Cercles avec le compas, en telle sorte que les deux poincts qui se rencontrent croisez par la rencontre desdits Cercles, vous ouvrez le compas, & joignez les deux Cercles ensembles, & formez vostre Ovalle, ainsi qu'il se voit en la figure de demonstration marquée T.

Difinition XVII.

Des Angles en nombre de trois, commençant par l'Angle droit.

L'ANGLE droit est celuy qui forme & construit d'une Ligne perspendiculaire, tombant à plomb sur une ligne droite, forme & donne un ou deux Angles droits, comme il se voit en la presente figure marquée M. N.

Difinition

DIFINITION XVIII.

De l'Angle Obtus.

L'ANGLE Obtus eſt celuy qui paſſant 90 degrez, eſt nommé Obtus par les Grecs, qui ſignifie plus ouvert que droit; comme il ſe peut voir en la figure marquée O.

DIFINITION XIX.

De l'Angle Aygu.

L'ANGLE Aygu eſt celuy qui plus rentrant que n'eſt le droit, compris depuis les 90 degrez juſques au dix; comme le tout ſe peut obſerver par la figure demonſtrative marquée P. Remarquant pour regle generale, que toute eſpece d'Angles de quelque forme qu'ils puiſſent eſtre, ſont entendus & compris ſous ces trois formes & definitions nommez cy-deſſus, Angle droit, Angle obtus, Angle aigu; comme le tout peut facilement s'observer par la presente planche des susdites figures & Angles Geometriques, dont la forme desdits Angles se comprend facilement dans les difinitions suivantes des Triangles, lesquels sont propres en toutes operations Geometriques.

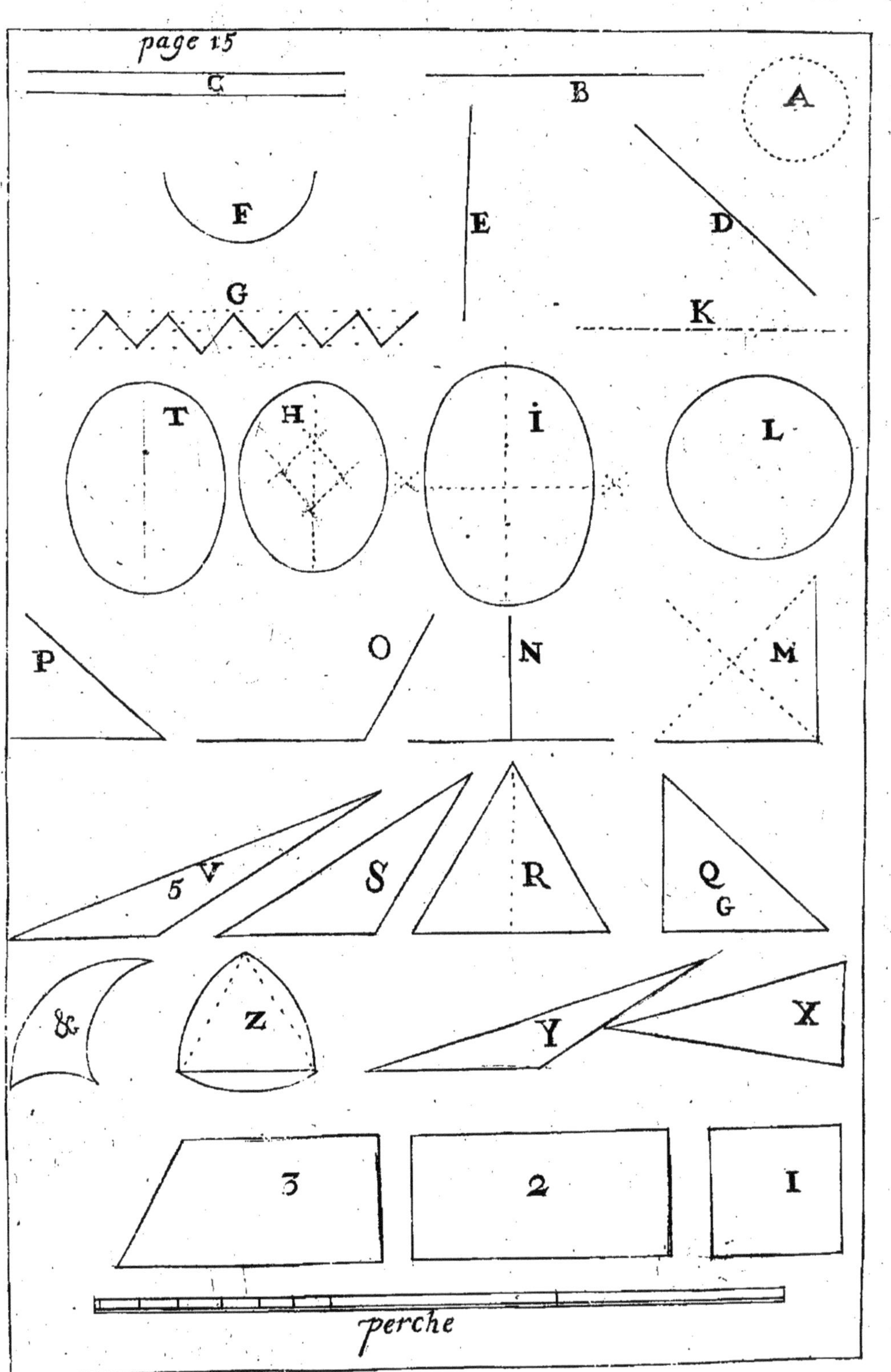
page 15
C
B
A
F
E
D
G
K
T
H
I
L
P
O
N
M
V
5
S
R
Q
G
&
Z
Y
X
3
2
I
perche

LES DIFINITIONS DES Triangles.

DIFINITION XX.

Du Triangle Quilacteral ou Rectangle.

IL faut icy obſerver, que pour definir les Triangles, il y en a ſix en nombre, & trois en eſpeces, communement appellez & nommez par les Geometres Iſopolure, formé de trois Angles aigus & égaux entr'eux. Le Triangle Iſocelle, le Scalene, l'Horthogonne, l'Oxigonne, & l'Ambligonne, de ces ſix ſortes de Triangles, leurs formes ayant eſté difinies és precedantes difinitions, il ſera dit du Triangle Iſopolure, nommé & entendu par d'autres Geometres Equiangle ou Triangle équilateral, le tout marqué en la planche des démonſtrations des figures Geometriques, coté R.

DIFINITION XXI.

Du Triangle Orthogonne.

LE Triangle Orthogonne eſt composé d'un Angle droit & de deux aygus, comme il ſe peut voir par la demonſtration, & aprés le Triangle Iſopolure, c'eſt le plus parfait, en ce que ſa forme eſtant plus reguliere, puis qu'il eſt composé d'un Angle droit de deux diſtances égalles, qui luy donne deux Angles aigus égaux entr'eux, comme il ſe peut voir en la figure de demonſtration cottée G.

DIFINITION XXII.

Du Triangle Scalene.

LE Triangle Scalene eſt un Triangle irregulier, en tout ſes côtez ſa forme ou figure eſt composée de deux Angles aigus, un Obtus, ainſi qu'on le peut obſerver en la figure demonſtrative, cotée Y.

DIFINITION XXIII.

Du Triangle Ambligonne.

LE Triangle Ambligone est composé en sa figure Geometrale de deux Angles aigus, & d'un Angle Obtus, ayant seulement cette difference au Triangle Scalene, que les deux côtez ouverts de l'Angle Obtus sont égaux, sa figure estant cotée en la planche de demonstration en caractere marqué S.

DIFINITION XXIU.

Du Triangle Oxigonne.

LE Triangle Oxigonne à un tel Rapport avec l'Ambligonne, que leur forme & figure Geometrale sont en quelque façon semblable, ne differant rien entr'eux, sinon que l'Oxigonne à un de ses côtez prolongé d'un cinquiéme de sa largeur, comme il se voit en la figure cotée 5.

DIFINITION XXV.

Du Triangle Isocelle.

LE Triangle Isocelle est celuy qui est formé & composé de deux Angles aigus, comme le represente sa figure, outre que sa forme est aussi entenduë de l'Angle droit; en telle sorte que la ligne droite sur lequel il est décrit est toûjours triple en largeur, comme la figure cottée X.

DIFINITION XXVI.

Des Triangles Convexes.

IL est à observer, que de toute superficie convexe, creuse, ou concave, il se forme plusieurs especes de Triangles, que nous nommons Triangles convexes, mais comme leurs formes speriques sont toûjours composées desdits Triangles sus definis, il n'en sera point dit autre chose, que ce qui est allegué en cette presente difinition, lesquels Triangles sont marquez & cottez Z. &c.

DES FIGVRES POLIGONNES, regulieres & inregulieres.

DIFINITION XXVII.

Du Quadrangle ou caré Geometrique.

LE Quadrangle ou caré Geometrique eſt une figure contenuë & compriſe de quatre Angles droits entr'eux & égaux, comme la demonſtration en la figure marquée 1.

DIFINITION XXVIII.

Du Paralellograme.

LE Paralellograme eſt une figure Geometrique, formé de quatre Angles droits, & de longueur le double de ſa hauteur & largeur, & ſe nomme par la pluſpart des Geometres quaré long, comme il ſe peut voir par la figure marquée 2.

Difinition XXIX.

Du Trapeze.

LE Trapeze est une figure Geometralle formé & contenu par quatre Lignes, deux Paralelles, l'une moindre, & l'autre grande, & d'une Perpendiculaire & Diagonalle, donnant deux Angles droits, un Obtus, un aigu, comme la figure marquée 3.

Difinition XXX.

Du Rhombe.

LE Rhombe est une figure Geometrique, construit & formé par quatre Lignes Diagonalles, contenuë de deux Angles Obtus, & deux aigus, faisans la forme mecanique d'un l'Ozange, marqué & cotté 4.

DIFINITION XXXI.

Du Rhomboide.

LE Rhomboide eſt une figure Geometralle, composée & contenuë de deux Paralelles & quatre Diagonnalles, formant quatre Angles Obtus, & deux aigus, comme le tout ſe peut obſerver en la demonſtration de ſa figure marquée 5.

DIFINITION XXXII.

Du Trapeziode.

LE Trapeziode eſt une figure Geometrique, composé de quatre Lignes, deux Paralelles, deux Diagonalles, donnant deux Angles obtus, & deux aigus, comme la figure marquée 6.

DIFINITION XXXIII.

Du Pantagone irregulier.

LE Pantagone irregulier eſt une figure Geometrique, composée & contenuë de cinq Angles Obtus comme il se peut voir en la figure marquée 7.

DIFINITION XXXIV.

De l'Exagonne regulier.

L'EXAGONNE regulier est une figure Geometrique, composée de six Angles Obtus ou six Poligonnes; comme il se peut observer en la figure marquée 8.

DIFINITION XXXV.

Du Septagonne.

LE Septagonne est une figure irreguliere composée & formée de sept Poligonnes ou Angles Obtus, comme il se peut observer par la figure marquée 9.

DIFINITION XXXVI.

De Loctogonne.

L'OCTOGONNE est une figure reguliere, contenuë & composée des huit Angles Obtus; observant que de ces especes de figures elle monte jusques à l'infiny, & elle est nommée du nom dont elle porte le nombre d'Angles, & Poligonne dont elle est composée, comme il se peut voir en la figure marquée 10.

DIFINITION XXXVII.

Du Cilindre.

LE Cilindre est une figure Geometralle & corps solide, Orthogonelle, élevé sur son plan Geometral, composé & formé de deux perpendiculaires, ayant sa baze égalle à son somet, comme le demontre la figure cottée 18.

DIFINITION XXXVIII.

Du Prisme.

LE Prisme est une figure & corps solide, élevé sur son Plan Geometral, ayant pour baze une figure circulaire, Quadrangulaire ou Poligonne, &

pour somet un poinct en l'air, pour son élevation trois fois la largeur de sa baze, comme il se peut voir par la demonstration de sa figure marquée 15.

Difinition XXXIX.

Du Cone.

LA figure Geometralle & Orthogonnelle du Cone est un corps solide, ayant sa baze ronde, & pour somet un poinct pris en l'air, comme il se voit en la figure marquée 12.

Difinition XXXX.

Des Figures Piramidialle & Aubelisque du Pantacedre.

LE Pantacedre est une figure Orthogonnelle, élevé sur sa baze triangulaire & geometralle, composé de trois Lignes Perpendiculaires, ayant son somet égal à sa baze, comme le tout se peut observer en la figure marquée 14.

DIFINITION XXXXI.

Des Obliques ou Piramides.

LES figures Piramidialles sont celles qui sont composées de divers Angles ou Pans élevez sur leurs bazes Geometralles, ayans pour somet un poinct pris en l'air, élevé de 30 à 40 fois pour leur auteur, la largeur de leurdite baze, comme il se peut observer par les figures marquées 15 & 16.

DIFINITION XXXXII.

Du Paralepipede.

LE Paralepipede est une figure Geometrique & corps solide, construit & formé de quatre Perspendiculaires, tombant à plomb sur sa baze Geometralle, de ce genre de figures toutes tours construites en quaré, pilliers & autres sont adaptez à ces sortes de figures, comme celle marquée en la planche de demonstration 13.

DIFINITION XXXXIII.

Du Tursie.

LE Tursie est une figure Orthogonelle, élevé & corps solide, ayant diverses formes de figures, comme tous bâtimens, digues, plateformes, cavalliers, estans compris sous les termes general de Tursie, qui veut dire corps, masse, solide, comme la figure marquée 11.

Icy finisse les difinitions des Figures Geometriques; pour les faire observer chacune en leur partie, comme il sera veu cy-aprés, & les demonstrations des figures sus denoncées sont en la planche de l'autre part, & en celle presente, dans lesquelles on peut facilement observer leursdites formes reguliere & inreguliere.

page 29

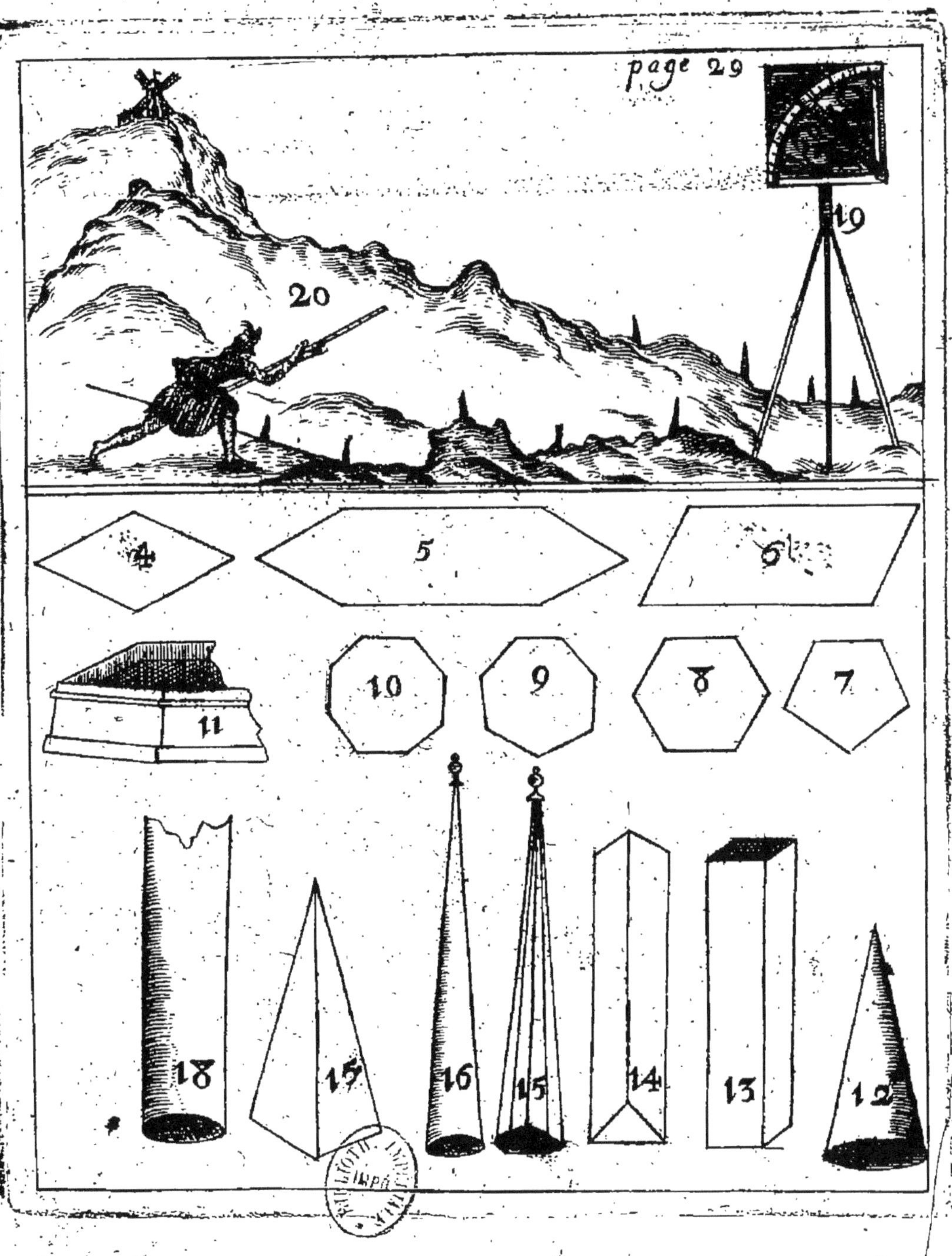

DE LA PLANIMETRE traittant des mesures de l'arpentage.

THEOREME PREMIER.

A PLANIMETRIE dans le sentiment d'Archimede, est la premiere Partie de la Geometrie, en ce que cette partie regarde tous corps, planes en superficie, longue, large, quaré circulaire Orizontalle; c'est pourquoy tous Geographes, Ingenieurs, Arpenteurs, Hidrographes, Navigateurs, Architectes, doivent observer devant que venir à la mesure desdites choſes planes, comme Campagnes, Rivieres, Eſtangs, Marais, Prairies, Mers, Golphes, Lacs, Bayes, Rades, & generallement tout ce qui a ſuperficie planes, ſoit pour bâtir Edifice, Ville, Château, Fortereſſe, Maiſon publique & particuliere, on doit meurement examiner l'eſtenduë deſdites ſuperficies , afin que par la ſcience de la Longimetrie, on aye au juſte le contenu deſdites ſuperficies ; comme il ſera monſtré cy-aprés, & connoiſtre poſitivement les noms & figures des objets qui ſe peuvent rencontrer à meſurer, & pour l'uſage deſquelles meſures il faut donner l'intelligence de l'inſtrument univerſel propre à toutes operations Geometriques, dont la deſcription s'enſuit.

CETTE figure d'inſtrument n'eſt autre choſe qu'un ſimple quaré Geometrique conſtruit de quatre Angles droits égaux entr'eux ; leſquels Angles entrecoupez d'une Ligne Diagonalle tirée d'un Angle à l'autre, forme un Triangle équilateral, composé d'un Angle droit & de deux aigus; auſquels Angles faut élever trois pinulles, le tout ſelon ſa forme Geometrique deſignée en la troiſiéme planche au feuillet 29. Le ſuſdit quaré Geometrique estant pozé sur un genoux de cuivre, on s'en peut servir à toutes les operations décrites en ce Traité, qui comprennent generalement tout ce qui pourroit se rencontrer en la mesure de tous sujets tant accessible que inaccessible.

LES Theorémes suivans enseignent son uzage; & comme on s'en doit servir, soit à prendre la largeur des Rivieres sans passer au travers, la hauteur des Montagnes, la profondeur des Valées, la distance des Villes, Bourgs & Villages, Châteaux, & maisons particulieres. La hauteur des Tours, Clochers, Donjons, Cavalliers à lever les plans des Villes & places assiegées; & generallement à mesurer & arpenter toutes figures planes, Mers, Lacs, Estangs, Golphes, Rivieres, Forests de haute fustaye, bois taillis, plate campagne, tous corps solides, & cubiques; & tout ce qui se peut presenter sous la figure & sens de ladite mesure en toute espece & corps que lesdits sujets se puissent presenter par leurs assietes Geometralles; cōme il se peut plus facilement observer & remarquer dans les demonstrations mecaniques des difinitions Geometriques, dont sont composé lesdites chofes planes, foit reguliere ou inregulie-re, acceffible ou inacceffible. Le tout felon les fusdites difinitions desdites figures, ainfi qu'elles ont efté cy-devant definies & traitées, comme il eft reprefenté par la demonftration de la figure du fusdit inftrument marqué 19, en la planche desdites difinitions page 29 du prefent Traité.

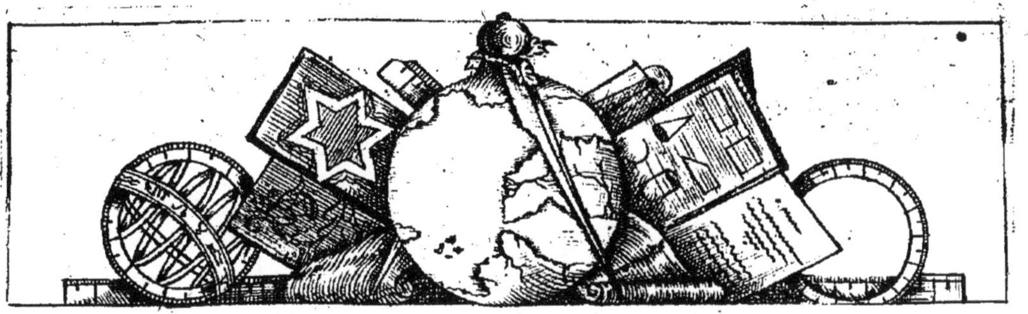

DE LA LONGIMETRIE.

Où les longueurs & largeurs des objets à mesurer en l'arpentage.

THEOREME II.

A LONGIMETRIE comprend generallement tout ce qui peut avoir longueur ou largeur, soit en superficie longue, large, creuze, concave & convexe.

DE là vient que son usage est si util & necessaire à la societé civile des Hommes, que sans elle point de veritable certitude en la legitime possession de chacun.

C'EST elle qui plante les bornes & limites legitime des Empires, Royaumes, Estats & Principautez.

QUI rend au Laboureur son arpent, perche ou chaine de terre uzurpé par son voisin. Et generalement parlant, c'est elle qui borne la Justice mesme, en luy enseignant par cette Science á se contenir dans l'estenduë, borne & limite des Loix, dont elle est Souveraine, administratrice: Et enfin apprend à un chacun à se contenir, & à n'outre passer jamais les bornes de son devoir. Aussi le Saint Esprit nous autorise puissamment cette verité; puis qu'il nous apprend, que le Souverain Auteur des Sciences a tout creé par poids, nombre & mesure.

ET pour faciliter cette Science, & la rendre vulgaire, mecanique; en telle sorte que pour peu de lecture qu'on aye on puisse concevoir nos Theoremes tout aussi bien que le plus subtil Philosophe. Nous commencerons par la qualité de l'arpentage & difference des mesures entre elles, le tout selon l'uzage de nostre florissant Royaume de France par la division des Provinces les plus celebres qui le composent.

DES MESVRES LES PLVS communes & usitées dans les Provinces de France.

THEOREME III.

IL faut sçavoir pour regle generale, que la mesure la plus commune & plus uzitée en ce Royaume, pour mesurer toutes longueurs & largeurs, autorizées par les Ordonnances de nos Rois, confirmées par nos celebres Parlemens & Corps de Villes, c'est le pied communement & vulgairement appellé pied de Roy, lequel contient douze pouces.

Chaque pouce douze lignes,

Chaque Ligne six poincts.

Le poinct est si petit qu'il est indivisible.

DE ce pied de Roy est formé plusieurs mesures, comme Verge, Perche, Chaine, Cane, Pans, Cordes, Aulne, le tout different en leurs vzages ; mais conformes & reunis à la mesure dudit pied.

LA Verge communement appellée

par les mecaniques toize en la pratique militaire, eſt compriſe de ſix pieds de Roy, qui valent 72 poulces, l'uſage de cette toize eſt particulierement uſitée à meſurer toute ouvrage de maſſonnerie, charpenterie, & cela s'appelle toizé, cette Verge eſt priſe en Normandie pour 40 perches en l'uzage de l'arpentage.

LA Perche eſt une meſure particuliere, cette perche eſt differemment longue ou courte ſelon l'uſage des Provinces où elle eſt pratiquée, comme dans le reſſort, banlieuë du Parlement de Paris la Perche eſt de trois verges ou toizes, qui eſt 18 pieds pour ladite perche.

AU païs Chaſtrain la perche eſt de 22 pieds, cette regle eſtant preſque égale dans la pluſpart du Royaume, excepté les Provinces de Poictou, Aulnis, Xainctonge, Haute & Baſſe Guyenne, où la perche change de nom, & ſe nomme chaine.

LA Saume en Languedoc contient 4 ſexterſes ou 1600 canes quarrées.

LA cane contient 8 pans en longueur, le pan contient 8 poulces 9 lignes.

Toutes leſquelles meſures ſont uſitées en nos Provinces de France, dont chacun selon son ressort & departement doit sçavoir l'uzage & pratique d'icelle.

Des diverses Provinces de France où les mesures sont differentes.

THEOREME IU.

AU païs d'Aulnis cette chaine est de deux mesures, l'une de 18 pieds mesure de Paris, l'autre de 22 pieds, cette Province ayant par coûtume ancienne l'usage de petit & grand Bailliage, dont la chaine du petit Bailliage est la plus petite, & le grand Bailliage la mesure susdite de 22 pieds.

Cette diversion de mesure est tres. ancienne, observant que la plus part des hauts Seigneurs Iusticiers de cette Province en tous les denombremens de leurs terres ont cete mesure de grand & petit Bailliage. C'est pourquoy specialement celuy qui arpente en semblables lieux, doit observer de plus prés cette distinction de grande & petite mesure en un mesme ressort, ce que j'estime assez extraordinaire, attendu que faute d'en estre bien inſtruit, qu'il arrivaſt que par deſcente de Iuſtice ou autrement, on vint à eſtre appellé pour arpenter en ſemblable lieux, il eſt de la derniere importance de prendre garde à ce diſcernement, afin que s'il faloit reduire vos arpens par le grand Bailliage faute de le connoiſtre, on ne ſe reglaſt au contraire en prenant le petit pour le grand, & reciproquement le grand pour le petit.

Des qualitez de l'arpentage, meſure & reductions des perches en arpens.

THEOREME V.

APRES avoir déduit par le détail les meſures les plus uzitées en ce Royaume, il eſt important de ſçavoir combien il eſt contenu de ſes chaines & perches cy deſſus dites en l'eſtenduë de longueur & largeur d'un arpent de terre és Provinces ſus alleguées, il faut ſçavoir,

QUE dix perches carées en tout ſens font un arpent, multipliant ſa longueur par ſa largeur donne pour le total &

contenu d'un arpent cent perches carées, comme il se verra par cy aprés par la suite dudit arpentage, avertissant avant cette dite connoissance ceux qui souhaiteront se faire instruire de toutes les qualitez requises pour un Arpenteur, ledit Auteur du present Traitté en instruira ponctuellement ceux qui souhaiteront en exercer ladite Charge publiquement, en leur enseignant les Loix, Ordonnances, Us & Coustumes des Provinces à ce necessaires, & lieux où ledit Arpenteur peut estre appellé à arpenter, soit qu'il y soit nommé d'Office par Arrest des Cours Souveraines, Parlemens, Presidiaux, & autres Iustices Subalternes : Comme aussi le rapport des lieux que ledit Arpenteur aura mesurez, son stil & sa forme, & ensuite le plan Geometral desdits lieux arpentez, pour le representer en Iustice, si besoin est, toutes lesquelles circonstances ne sont point icy traittées, à raison que l'intension de l'Auteur n'est que d'enseigner & instruire toutes personnes de quelques qualitez & conditions qu'elles soient, pour leurs interests particuliers en la mesure & arpentage de leurs Domaines, heritages & autres possessions, afin que leurs interests dans les susdits arpentages, ne soient pas décheus ny fourbez par l'ignorance ou malice d'un Arpenteur mal intentionné ou corrompu par l'une ou l'autre partie pour qui il est employé. Cecy sera donc suffisant pour tout le Monde qui a droit d'estre entendu en l'arpentage, & qui ne veulent ny ne souhaitent estre Arpenteur public, ny en exercer l'Office & Charge en aucune maniere.

De l'arpent berlong en forme de Paralelle l'Ograme ou quaré long.

THEOREME VI.

IL faut sçavoir, que quatre perches de largeur sur vingt cinq de longueur font un arpent.

CENT perches en longueur sur une de largeur font un arpent.

Cinquante perches de longueur sur deux de largeur font un arpent.

Vingt-cinq perches de longueur sur quatre de largeur font un arpent.

Quinze perches de longueur ſur ſept perches de largeur, fait un arpent & cinq perches de plus.

Dix perches de longueur ſur dix de largeur font un arpent, obſervant pour maxime & regle generalle que dans ce Royaume de France on reduit toute eſpece de meſure en reduction du pied dit cy-devant du pied en toizé, de toizé en perche ; ayant ſeulement cela de different, que la perche ſe doit tenir ou plus grande, ou plus courte, ſelon l'uſage & coûtume des Provinces où on doit arpenter & meſurer, ſuivant en cela les Vs & Statuts de païs ; ce qu'eſtant bien entendu & connu de celuy qui pretend exercer la fonction d'Arpenteur, il n'y a point de doute qu'il ne exerce ſa Charge avec experience & fidelité.

DE LA PRATIQVE, de l'Arpentage, ou Longimetrie.

THEOREME VII.

IL faut icy obſerver, que pour venir à la pratique mecanique de l'arpentage, & faire les operations & ſtations neceſſaires pour arpenter ſoit un champ, pré, vigne, bois taillis, campagne, marais, foreſts de bois de haute fuſtaye, Montagnes, colline, valée, Riviere, Eſtangs, Lacs, foſſez; & generalement tous objets acceſſibles ou innacceſſibles, il faut eſtre muny de choſes ſuivantes.

SCAVOIR d'une chaine ſoit-elle faite de corde ou fer, ou une perche de bois de longueur de 18 ou 20 pieds, ſelon les païs où l'Arpenteur eſt appellé pour arpenter ou nommé d'Office de quelques Cours que ce ſoit; il doit s'informer exactement des meſures & uſances des lieux où il eſt appelé, comme dit eſt, pour arpenter, afin de ſe reduire & conformer à l'uzance & coûtume du païs où il eſt appelé

& doit eſtre muny auſſi d'un nombre de piquets, ſi c'eſt à arpenter en lieu plane, comme en plate campagne, attendu qu'il faut icy obſerver qu'il y a deux façons d'arpenter; l'une par piquets que les païſans peuvent faire; & l'autre par le plan où il eſt requis de la ſcience, ſpecialement la pratique & Art des Triangles.

L'UZAGE des piquets eſt bon pour la plate campagne; mais pour les lieux inacceſſibles, comme d'arpenter un Marais bourbeux où il ne peut aller ny à pied ny à cheval, en ce cas il faut arpenter ces lieux là inacceſſibles par la ſcience, qui eſt d'en ſçavoir lever le plan, comme nous montrerons tres clairement, s'il plaiſt à l'Auteur des Divines Sciences, és Theoremes ſuivans, par la connoiſſance des Angles & ſcience deſdits Triangles, dont il eſt bon à ceux qui deſirent faire ces ſortes d'operations ſe faire inſtruire; & comme cecy eſt fort rare, à moins des grandes occaſions, je continueray ſans ſortir de mon ſujet à eſtre familier, & montrer à toutes ſortes de conditions comment ils peuvent arpenter eux meſmes leurs champs, prez &

vignes, & autres dépendances de leurs Domaines.

DE L'OPERATION MANVELE de l'arpentage, & specialement pour arpenter un champ.

THEOREME UIII.

CELUY qui va ou par necessité ou par curiosité arpenter ou mesurer son champ, doit proceder en cette sorte; il doit jetter sa veuë sur sa piece de terre, & regardant en par luy en quelle figure Geometrique elle tombe, si la piece de terre est quarée en tout sens, il doit dire en soy mesme, c'est un quaré parfait Geometrique; si ladite piece de terre est quarée d'un bout, & l'autre bout soit un Angle obtus, & à la pointe aiguë, il doit dire, c'est un trapeze, ainsi du reste, en observant les precedentes difinitions, pour connoistre quelle forme & figure Geometriques peuvent estre tous objets planes qui se peuvent rencontrer à mesurer ou arpenter.

De la pratique en l'operation de l'arpentage.

THEOREME IX.

APRES avoir obſervé, comme dit a eſté, la forme & figure de la piece de terre à meſurer & arpenter, il faut commencer à travailler en cette ſorte, on plante le premier picquet à l'un des bouts de la piece de terre, obſervant ſi l'on commance au Midy ou Septentrion, Orient ou Occident, afin qu'ayant fait le tour de ladite piece, on puiſſe facilement obſerver le lieu par où on a commencé.

APRES, comme dit a eſté, que l'on a meſuré le pourtour de la ſuſdite piece de terre, & avoir remarqué exactement le nombre & quantité des perches ou chaines de terre, contenuës tant en la largeur que longueur de ladite piece, on vient à ſupputer le tout en cette ſorte, & on doit multiplier la longueur par la largeur de ladite piece de terre, en telle façon que vous ayez le nombre au juſte du contenu des perches ou chaines par lequel nombre vous jugerez combien il y a d'arpens contenus en la ſuſdite piece de terre.

Exemple & demonſtration.

Soit ſuppoſé la piece de terre meſurée ayant pour ſa figure Geometrique un Paralelograme, que la piece de terre aye 50 perches en ſa largeur, & 170 en ſa longueur, il faut multiplier 170 par les 50 de largeur, & vous aurez le contenu au juſte de voſtre piece de terre, qui ſera à la fin du produit de voſtre multiplication faite en cette ſorte.

Regle.

170 longueur de voſtre terre.
50 perches pour la largeur.

000
850

8500 perches quarées contenues dans le total de la piece en queſtion en figure Paralelograme, ſuppoſé à cent perches ou chaines pour arpent, il ſe trouve qu'il eſt contenu d'arpent dans les 8500 perches, trouve en ladite meſure le nombre de quatre-vingts cinq arpens à cent perches quarées pour arpent audit contenu du nombre des perches, trouve en la longueur & largeur du Paralelograme, supposé en la demonstration de ce present Traité à la planche des difinitions pag. 15.

Des Figures angulaires à arpenter.

THEOREME X.

IL y a une autre question à observer, que si au lieu d'un Paralelograme, lequel a esté mesuré cy-dessus, il se presentoit à mesurer ou arpenter une piece de terre en figure Geometralle d'un Rhombe ou Trapeze, ausquelles figures également se rencontrent divers Angles, les uns obtus, les autres aigus, en ce cas on doit toûjours former & supposer une figure quarée comme ledit Paralelograme, ou un quaré parfait en tout sens, & on soustrait les Angles restans, afin de les appareiller & reduire au quaré; & par ainsi on les place au mesme rang & nombre des mesures susdites; ce qui sera dit pour tous rencontres semblables, attendu que lesdits Angles & Triangles sortans ou rentrans se remplissent l'un par l'autre le plein par le vuide, reciproquement le vuide par le plein, équipollent par juste estimation & valeur de mesure l'un & l'autre.

De la metode d'arpenter un lieu inaccessible.

THEOREME XI.

POUR l'intelligence de ce Theoresme, il faut presupposer que pour bien faire une expedition de cette nature, il faut avoir quelque lumiere de la science des Triangles, dont nous avons cy devant traitté dans les precedentes difinitions, attendu que le lieu presupposé à mesurer soit un marais bourbeux, bois taillis, un étang, ou autre sujet inaccessible où l'on ne peut entrer au dedans pour en observer au juste la superficie, on doit operer en cette sorte.

PREMIEREMENT, on doit regarder au general du lieu inaccessible à mesurer, si ce qu'on en découvre est où a quelque forme reguliere ou inreguliere, & si les Angles qui se rencontrent à vôtre veuë sont Angles droits, obtus ou aygus, alors vous commencez en cette sorte.

OBSERVANT pour seconde disposition à vostre arpentage, si le lieu que vous devez arpenter ou mesurer à sa longueur ou à l'Orient ou Occident, ou au Midy & Septentrion : Aprés ces dispositions faites, vous plantez vôtre premier piquet au premier Angle plus proche de vous. Supposant que vous estes sur un autre, vous plantez un second piquet, soit à l'opposé de vous ou du premier; en telle sorte que vous devez observer inviolablement d'en découvrir toûjours trois, contant celuy où vous estes, l'un à droit & l'autre à gauche, duquel vous borniez avec les deux regles de vostre quaré Topographe Geometrique croizé, donnant droit sur l'un & l'autre picquet, & rapportez sur vostre papier l'ouverture desdits Angles, en mesurant la distance avec la perche ou chaine, & le nombre de perche qui se trouve entre chaque station de picquet, vous l'écrivez sur vostre papier par un tel reduit qu'il vous plaist faire, pourveu que vous observiez le mesme nombre au petit qui se rencontre qu'au grand.

Du Plant qu'on doit lever d'un lieu à arpenter inaccessible.

THEOREME XII.

APRES avoir fait cette premiere operation on continuë d'Angle en Angle à faire les mesmes stations, & planter des piquets, comme il a esté dit au Theoreme precedent ; en telle sorte qu'ayant circonvallé les lieux supposez à arpenter, que vous ayez au vray sur vostre papier le nombre des Angles contenus audit lieu inaccessible, & le nombre des perches ou chaines au juste contenus entre chacun desdits Angles, & que le plan en soit connu & bien levé, cela fait sur la reduction du petit mesurage qui est sur vostre papier, conforme au grand que vous avez fait en vos stations, vous devez former dans l'estenduë generalle de vostre plan un grand Paralelograme, si la figure mesurée inaccessible est plus longue que large, & mesurer les côtez de ce Paralelograme à l'echelle de la chaine, qui est sur vostre papier, & multiplier sa longueur par sa largeur, comme il a esté cy-devant montré, vous avez au juste le contenu du nombre des perches au Paralelógrame, & reduisez, comme il a esté dit, lesdits nombres des perches en arpens, ainsi qu'il a esté cy-devant monstréclairement.

QUANT au reste des Angles qui ne sont compris auditParalelograme figurez dans le plan dudit lieu inaccessible, ces Angles se reduisent par Triangles, de Triangles en quaré, & le tout mesuré par la perche ou chaine dont aura esté levé le plan susdit.

IL faut entendre ce Probléme, supposant, que quoy que le lieu susdit soit inaccessible en dedans, il est supposé estre accessible en dehors, c'est à dire pouvoir tourner à l'entour.

IUSQUES icy nous avons traité en bref de la metode familiere d'arpenter en toute superficie plane, excepté la Figure circulaire qui sera enseignée au Theoreme succedant; pour ensuite de ladite Figure Circulaire faire clairement voir & enseigner à arpenter, toizer & mesurer toute Figure Ortogonelle, dépendante de la troisiéme partie de la

Geometrie, qui eſt la Stereometrie, dans laquelle nous enſeignerons clairement les regles infaillibles, pour toiſer la hauteur d'une Montagne, Tour ou Clocher, ſans monter à leurs ſomets. Comme auſſi la largeur des Rivieres ſans paſſer au travers, & generallement toute hauteur acceſſible & inacceſſible par leurs quatres dimantions, hauteur, longueur, largeur & profondeur.

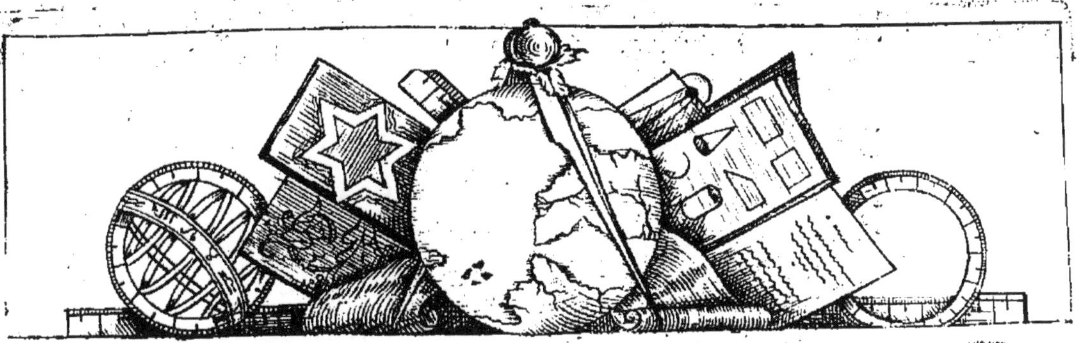

LA STEREOMETRIE OV mesure des corps solides.

De la mesure d'une piece de terre en Figure Circulaire.

Theoreme XIII.

A Stereometrie ou l'arpentage des objets ortogonels, hauteur des Montagnes, largeur des Rivieres, Lacs, Estangs, sans passer outre, & mesure des Tours, Clochers sans monter au haut desd. objets est une troiziéme partie de la Geometrie, traittant des objets ortogonels : Et devant que traitter d'iceux, il sera enseigné à arpenter une piece de terre en Figure Circulaire, & sera dit sans operation en cette sorte.

ON mesure la longueur & largeur de ladite piece de terre, & le nombre des perches qu'on trouve dans lesdites longueurs & largeurs, se reduisent en petit pour en décrire un Cercle sur le papier divisé par son Diametre en autant de Parties en petit que vous en avez trouvé dans le grand, & par la science de la Quadrature vous reduisez ladite Circonference en son quaré parfait.

CE Theoreme est un peu subtil; mais au Traité particulier de la Quadrature du Cercle, que j'ay fait, s'il a plû à Dieu: Il est rendu si clair & visible, qu'outre la demonstration Geometrique qui en est faite, j'en donne la preuve autentique, aussi claire & palpable, que pour prouver dans l'Arithmetique un adition par la preuve de neuf, & aussi facilement que se prouve une multiplication par la division, & ainsi reciproquement prouvé l'un par l'autre: Ce qui a esté inconnu aux Siecles passez, jusques à nostre temps, & que je peux dire sans exagerer, qui a fait l'objet de toutes les recherches curieuses & painibles de tous les sçavans des Siecles passez, depuis Aristote, Archimede, Huclide, Phetoleme, & autres jusques à nos jours, à laquelle je renvoye le Lecteur.

De la mesure & hauteur d'une Tour supposée accessible.

THEOREME XIU.

SOIT supposé à prendre la hauteur d'une tour accessible, c'est à dire que l'on approche ladite Tour facilement, il faut observer qu'il faut entrer dans ladite Tour, & prendre le milieu de sa Circonference au juste, afin que le demy Diametre de ladite Circonference en dedans œuvre, jointe à l'épaisseur du mur, vous donne le nombre de toise ou pied contenu en la largeur de demy Diametre; cela estant vous sortez de ladite Tour, en telle sorte que vous découvrez le somet d'icelle à la veuë de vôtre œil ce que vous desirez observer Geometrallement par une Ligne Diagonnalle qui part de vôtre œil sur vostre quaré Geometrique, où sera à trois des Angles d'iceluy des pinilles posées en Triangle équilateral parfait ; & lors que à vôtre veuë par l'oppoſition des pinilles ſusdites vous avez decouvert le ſomet de ladite Tour, & à meſme temps la baze d'icelle delà où vous eſtes juſques au pied & centre du dedans de ladite Tour toiſé & meſuré ce qui s'y rencontre de toiſe ou pied, c'eſt immanquablement la hauteur poſitive de ladite Tour ; le tout comme il ſe peut remarquer dans l'operation qu'on en peut faire.

De l'uſage particulier du quaré Geometrique, des hauteurs acceſſibles.

THEOREME XU.

POUR éviter prolixité, il ne ſera point donné d'autre Theoreme ſur la meſure d'une hauteur acceſſible que le precedent, & ſera ſeulement dit d'abondant, que le ſeul uſage du quaré Geometrique traitté audit Probléme, que le Triangle équilateral décrit deſſus d'une Diagonnalle avec les trois pinulles ou trois pointes ; l'uzage duquel eſt ſi ſure pour toute hauteur Hortogonnelle acceſſible, que c'eſt le ſeul inſtrument unique & familier pour prendre leſdites hauteurs, obſervant toûjours de ſe reculer des objets à meſure, juſques à ce que de voſtre œil vous découvriez le ſomet de toutes hauteurs à meſure au droict de vos deux pinulles ſur la diagonalle de voſtre quaré Geometrique & Triangle décrit.

De la meſure des hauteurs inacceſſibles, comme Tours, Donjons, Cavalliers, &c.

THEOREME XUI.

SOIT propoſé à prendre la hauteur d'un Donjon, Tour, ou Clocher; ou Montagne, ou Cavallier, le tout inacceſſible; en telle ſorte qu'il y ait devant une Riviere qui en empeſche l'approche ou foſſé conſiderable; on doit travailler en cette ſorte.

PREMIEREMENT on regarde & découvre ſi l'objet à meſurer eſt de figure quarée, ronde, orthogonnelle, ou ovalle, & berlongue; Aprés cette obſervation vous faites deux ſtations, ſçavoir l'une à 20 ou 30 toizes de l'autre ſur une meſme ligne droite à l'oppoſite de ce que ſouhaitez meſurer ; auſquelles ſtations vous plantez deux piquets, obſervant toutesfois que l'entre-deux des piquets ſoit à l'opoſé de la largeur de la tour ou cavallier à meſurer, ajoûtant qu'outre ladite largeur vous prolongez ſur la meſme ligne droite deux fois la largeur des entre deux piquets, leſquels meſuré au pied, à la toiſe, ou comme il vous plaira, c'eſt la veritable hauteur du ſujet inacceſſible ; & ce Theoreme eſt pour la commodité de ceux qui n'ont aucune connoiſſance de la Science des Triangles, qui eſt la ſcience infaillible de telle meſure, & dont il faut une longue pratique & experience pour la parfaite connoiſſance d'icelle, faiſant icy profeſſion d'eſtre familliier & rendre la Geometrie intelligible au vulgaire & Ouvriers mecaniques. Pour les ſçavans nous aurons dequoy les ſatisfaire en leur particulier, comme il ſe peut obſerver en l'obſervation de la quatriéme planche marquée 24.

Pour

Pour mesurer la largeur d'une Riviere sans passer au travers.

THEOREME XUII.

IL faut par l'uzage du quaré Geometrique & du Triangle équilateral décrit dessus avec les trois pinulles ou pointe faire l'operation en question dans cette sorte.

PREMIEREMENT au delà de la Riviere où vous estes à vostre costé opposé, vous devez vous figurer un poinct donné, c'est à dire qu'il faut vous imaginer à l'autre costé de la Riviere opposé à celuy où vous estes, ou soit que vous preniez le tronc de quelqu'arbre, ou quelque pierre ou motte de terre, selon qu'il se rencontre le plus à propos, ensuite vous plantez un piquet directement au droit dud. poinct donné. Ce piquet estant plãté, vous vous éloignez d'icelui en ligne droite, en telle sorte que vous observez toûjours vostre poinct donné, & planté en second piquet, jusques à l'éloignement necessaire pour la forme du parfait

Triangle équilateral, qui du poinct donné au piquet opposé, fasse un Angle droit ou quaré, & le second piquet posé en Ligne Diagonalle fermera le Triangle; ce qui doit estre fait avec le quaré Geometrique & Triangle décrit dessus; je dis que la distance d'entre les deux piquets est égale & positive à la distance du poinct donné au piquet opposé, & que mesurant la longueur par toize ou pied entre les deux susdits piquets, vous aurez au vray le nombre de toizes ou pieds contenus dans la largeur de ladite Riviere, cela est incontestable devant tous les Geometres du monde, le tout marqué en la 4. planche figuré 20.

De la mesure & profondeur d'une valée ou fossé dépendant de l'Altimetrie.

THEOREME XVIII.

CE Theoreme est des plus subtils de la Geometrie de prendre la profondeur d'une valée inaccessible, toutesfois il en faut faire part aux curieux.

IL faut premierement considerer devant que venir à l'operation la situation & aspect de ladite valée, observer si elle est également creuse, & si sa figure est plus longue que large, remarquant de plus les montagnes & coteaux qui sont autour : Cela fait, on opere en cette sorte par l'usage du quaré Geometrique & Triangle rectangle cy-dessus décrit.

PREMIEREMENT vous vous figurez un poinct donné au fond de ladite valée, soit d'une pierre ou roche, tronc d'arbre, ou autres objets, le tout au plus creux & milieu de ladite valée; cela fait, sur le costé où vous estes observez si sa situation est Orient, Occident, Midy ou Septentrion, vous plantez un piquet à l'aspect & opposé de vostre poinct donné au fond de ladite valée : Ce qu'estant fait, vous faites une autre station en droite ligne de vostre premier piquet, en telle sorte que ladite ligne forme un Angle droit au poinct donné de la susdite valée, & estant éloigné de vostre premier piquet à distance requise, comme vous pouvez observer par vostre Triangle décrit sur vostre quaré Geometrique, de verifier si les Angles se rapportent, vous plantez vostre second piquet & toisez la distance d'entre vos deux piquets; je dis que le nombre des toiſes qui ſe rencontrent entre cette diſtance des deux piquets, eſt la veritable profondeur de voſtre valée; ſuppoſant une ligne perpendiculaire ſur le poinct donné de ladite valée, & en ligne droite de voſtre oriſon du lieu où vous eſtes, comme il ſe peut obſerver en la demonſtration de la quatriéme planche marquée 25. page 77.

Pour prendre profondeur d'un puits, & ſçavoir au vray le cube des terres oſtées dudit puits.

THEOREME XIX.

CE Theoreme tiré de la preſuppoſition de la Quadrature du Cercle, à raiſon de la ſuperficie ronde du puits; & pour bien cuber le nombre des toizes contenuës en ſa profondeur; il faut ſçavoir meſurer & cuber la premiere toiſe en profondeur dudit puits, laquelle ayant eſté bien meſurée, il ne reſte que à prendre le total de ladite profondeur,

OPERATION.

ON commence à prendre le Diametre du puits, ce qu'estant fait, la question est de quadrer sa Circonference, c'est à dire le premier pied en profondeur pour sçavoir le contenu au vray de toute la superficie ou embouchure dudit puits; ce que ayant au juste quadre, c'est à dire reduit la superficie ronde en quaré parfait, il n'est pas difficile de reduire toute la profondeur du puits en toise, & connoistre par là au vray le contenu du nombre des pieds ou toises, cubée de terre qui ont esté ostées dudit puits supposé : Et comme il est de la derniere importance de sçavoir parfaitement quadrer un Cercle ou Ligne Circulaire, & que cette seule figure n'a jamais bien esté entenduë par tous les anciens, ny Geometres du temps; je renvoye le Lecteur au Traité particulier que j'ay fait de cette proposition, & que je peux dire par la grace de Dieu avoir rendu si claire & intelligible, que la preuve qui la suit la rend incontestable à tous ceux ou qui par envie & ignorance en voudrois douter.

Pour mesurer la distance d'une Ville à l'autre, d'un Bourg ou un Village de l'un à l'autre supposez inaccessibles.

THEOREME XX.

POUR entendre le sens de ce Theoreme, il faut concevoir & supposer, que deux Villes, Bourgs ou Villages opposez de l'un à l'autre, pour en sçavoir au vray la distance à un pied prés, pourveu qu'il ne soit point fait de faute en l'operation, on doit travailler en cette sorte.

PREMIEREMENT il faut observer à l'œil approchant la situation desdites Villes, Bourgs & Villages, leurs aspects ou assiettes Meridionalles, Septentrionalles, Orientalles & Occidentalles, mesme leurs airs de vents de Nord & Sud-Est & Oüest; en telle sorte que l'on sçache au vray leur entiere & veritable situation; ce qu'estant bien & justement observé, on fait l'operation en cette sorte; Sçavoir de l'un des Bourgs ou Villages, je suppose estre éloigné d'une portée de Canon immediatement à l'opposé du susdit Bourg en droite Ligne je plante un piquet, lequel piquet estant planté, je m'éloigne environ cent pas dudit piquet en ligne de quarré ou Angle droit dudit Bourg à mondit piquet, & dudit piquet à ma station des cent pas ou environ, laquelle aussi je borne par un semblable piquet, ce qu'estant fait je mesure la distance d'entre mes deux piquets au juste, soit de toise, pied ou perche, & marqué sur mon papier le mesme nombre de partie de mesure reduite en petit, ainsi que je l'ay trouvé au grand ; ce qu'estant observé, j'ay deux regles en façon de sauterelles d'environ deux pieds, posées sur une plaque de bois ou cuivre, je commance à l'un de mes piquets à bornayer l'autre piquet opposé, & de l'autre regle le Bourg ou Village à moy opposé; & en telle sorte que je tire la Ligne Diagonalle qui marque mondit piquet jusques au Bourg marqué 22. Ie m'en reviens à l'autre piquet où je fais la mesme operation, observant toûjours que l'un des côtez de ladite regle soit toûjours située le long de la ligne premiere décrite où sont les mesmes parties mesurées de toise ou pieds ; l'autre regle mobile je la bornaye en ligne Diagonalle ſur le Village ou Bourg qui s'oppoſe le plus commodement à ladite Ligne ; en telle ſorte que les Lignes ſusdites s'entre-couppe ſur voſtre papier en Angle, comme plus clairement il ſe peut obſerver par la figure de demonſtration marquée 21.

IL eſt à noter, que lors que vous formez lesdits Triangles, il faut prendre garde que voſtre papier ſoit en la meſme ſituation, comme il a eſté dit de Midy ou Septentrion, de Nord & Sud, ainſi du reſte, comme eſt en grand les Villes, Bourgs ou Villages ſituez en leurs aſſietes Geometralles. Et pour le connoiſtre plus facilement, il faut en telle operation ſe ſervir de la buſolle, obſervant la variation armantaire, comme le tout ſe peut obſerver par la pratique demonſtrative des deux Bourgs marqué en la quatriéme planche 22. 23. pag. 77.

Pour prendre la distance d'entre deux Montagnes inaccessibles.

THEOREME XXI.

CETTE proposition est essentielle lors qu'on peut bien entendre son operation; observant prealablement l'aspect & situation des lieux à mesurer la distance supposée des deux dites Montagnes, soit elle de cinq cent pas Geometriques de distance l'un à l'autre; en telle sorte que il faut operer en cette fasson.

PREMIEREMENT on doit observer l'assiette desdites Montagnes & remarquer leur situation Orientalle, Occidentalle, Meridionalle & Septentrionalle.

JE presuppose dont estre éloigné desdites Montagnes en question de la distance, supposé environ d'une portée de Canon, à laquelle distance je commance mon operation depuis moy jusques ausdites Montagnes proposées; ce qu'estant bien & diligemment fait, vous faites vostre premiere station en cette façon. Vous plantez un piquet ou le bâton de vostre instrument à proportion & au plus juste que faire se peut en droite ligne de vous à l'une desdites Montagnes; ensuite de ce, vous faites une autre station de vostre premier piquet à un second en ligne de quaire ou Angle droit; ce qu'estant fait, vous mesurez la distance de l'entre-deux de vos piquets par toises ou pieds; en telle sorte que vous reduisez en petit sur vostre papier la reduction & nombre desdites mesures, ainsi que vous pouvez l'avoir au juste mesuré en grand; ce que estant fait, il faut pratiquer vostre operation, ainsi que s'ensuit.

SOIT supposé les deux Montagnes A B, & ma premiere station soit C. où est le premier piquet, le second piquet ou econde station, l'entre deux desquels j'ay toisé pour faire mon échelle de reduction soit D. C'est icy que avec l'usage de mon quaré ou Topographe Geometrique; & par l'usage de mes regles cy-devant alleguées & ma feüille de papier entre deux, je commance à bornayer du poinct ou station D. sur B. l'une des Montagnes, & marqué cette ligne de D. B. sur mon papier. Delà je bornaye par lalidade de ma dite regle ſur C. premier piquet de ma premiere ſtation, ce qui me forme un Triangle. Aprés avoir fait cette operation ſur le piquet D. je m'en revient ſur le piquet C. & je faits la meſme operation ſur la Montagne A. que j'ay fait ſur celle marqué B. & je bornaye de ma ſtation par ma dite regle, qui me forme un autre Triangle ; en telle façon que les lignes qui les compoſent faſſent entre-couper leſdits Triangles des deux Angles aigus divers, qui chacun donne ſur leſdites Montagnes A B. je tire une ligne droite entre les deux ſuſdits Angles aigus, laquelle dite ligne borne entre les deux ſuſdits Angles aigus deſdits Triangles, je ſoûtiens infailliblement que ladite ligne eſt la diſtance reguliere & veritable entre les deux ſuppoſées Montagnes, & pour ſçavoir ce qu'il y a de toiſes & pieds, il ne faut que la meſurer ſur l'échelle des toiſes ou pieds cy devant alleguez d'entre les deux piquets C. D. Ce Theoreme eſt tout autant intelligible qu'il ſe peut faire : Mais comme nous avons cy-devant dit, il faut ſçavoir ce que c'eſt que la ſcience des Triangles, cette operation ſe forme comme celle des deux Bourgs cy-devant alleguez & demontrez en la quatriéme planche marquée 21. 22. & toutes les deux operations ne sont que une mesme pratique, aussi n'ont elle que une mesme demonstration en la quatriéme planche.

De la mesure d'un Chasteau ou Forteresse inaccessible par l'operation Geometrique mecanique, au devant duquel Chasteau soit un Marais bourbeux où l'on ne peut aller à pied ny à cheval, ny en bateau.

THEOREME XXII.

LES Officiers de Guerres, ainsi que toutes autres conditions, comme Artiste en quelques professions qu'ils soient, auront à profiter en ce Theoreme, la pratique duquel est tres intelligible, en ce que tout le Monde peut estre capable de faire ces operations.

PREMIEREMENT nostre supposition est, que le Chasteau susdit est rendu inaccessible par l'aspect d'une Riviere ou Estang Marais, qui peuvent se rencontrer autour. On doit observer prealablement, comme il a esté dit devant que venir à l'operation, de regarder l'aspect & situation dudit Château & son assiette Meridionalle ; Ce que ayant esté fait, vous commancez l'operation suivante en cette sorte. C'est à sçavoir, on doit regarder l'un des Angles ou pand de murs de Chasteau que l'on pretend sçavoir la longueur ou la largeur d'iceluy, plantant en droite ligne & à l'opposé de l'Angle susdit une perche ou piquet, il n'importe à quelle distance vous en soyez, pourveu que vous puissiez discerner facilement à la veuë ledit Chasteau & pand de murs susdit.

APRES avoir planté ladite perche ou piquet, comme il a esté dit à l'opposé de l'un des Angles de la longueur ou largeur dudit Chasteau, je m'éloigne de la perche que j'ay plantée directement, je fais une seconde station en ligne de quarré & paralelle à ladite longueur ou costé de Chasteau à mesurer, non pas que ma station seconde aille jusques à l'autre Angle opposé de ma perche, je faits madite station seulement de 30 à 40 toises ſelon qu'il me plaiſt, pour reduire leſdites diſtances d'entre les deux ſuſdits piquets, afin que ladite reduction ſe reduiſe en perches, toiſes ou pieds pour faire mon échelle de reduit; ce qui eſtant fait, vous pratiquez l'operation qui a eſté cy-devant monſtrée pour prendre la meſure ou diſtance d'entre deux Villes ou Bourgs, & par la meſme operation vous avez le contenu au juſte de toute la longueur & largeur de voſtre Chaſteau à meſurer, les ſuſdites operations eſtant generales & univerſelles pour toutes ſortes de rencontres & ſujets à meſurer, ſoit Ville, Chaſteaux, Bourgs, Villages, maiſons particulieres, bois de haute fuſtaye, ſçavoir leur longueur & largeur, bois taillis, Rivieres, Eſtangs, Marais, Digue, Terraſſe, Pont, Chauſſée, levée, turcie. Les ſuſdites operations peuvent auſſi ſervir pour ſçavoir la longueur, largeur & diſtance des Sieges, Blocus des Villes aſſiegées, & connoiſtre la longueur, largeur & profondeur de leurs foſſez, comme il a eſté enſeigné au Theoreme XVIII. pour prendre la profondeur des Vallées. Ainſi pour ne point preoccuper le Lecteur d'un trop long & prolixe discours, cecy sera plus que suffisant pour l'instruction de ceux, qui sans se distraires de leurs emplois & vaccations ordinaires peuvent en leurs momens de recreation par l'usage familier de cette Geometrie, pratique Françoise, se rendre tres-intelligent & expert Geometre : Et comme dans le traitté, Dieu aidant, que je feray de la Topographie, je pretend traitter à fond des mesures & departemens des quartiers des Regimens qui composent une Armée considerable de cent ou deux cent mil Hommes, les curieux Lecteurs qui souhaitent s'adonner en la noblesse de l'Art militaire y auront recours. Cette partie de science contient elle seule un Trairé entier, par laquelle ceux qui suivront ces enseignemens, pourront se rendre tres-experimentez Mareschaux des Logis de Regimens, & mesme General d'une Armée. Finissant ce Traité par un enseignement general & particulier du toisé tant necessaire à l'Architecture civille pour les bâtimens privez & publics, que en l'usage de la militaire fortification, le tout pour la commodité de ceux qui travaillent en l'Art de Massonnerie & Charpenterie, qui n'ont que ou point d'Arithmetique, & particulierement à toiser les corps les plus difficiles, comme tous solides, corps cubiques entendus sous les quatres dimantions de hauteur, longueur, largeur & profondeur.

POUR le toisé cette partie de mesure sera la conclusion de ce Traité, lequel est fait specialement en faveur de Messieurs les Bourgeois, qui font journellement bâtir, lesquels particulierement sont invitez à la theorie de ce present toisé, comme tous Ouvriers, singulierement ceux qui travaillent en l'Architecture civile & militaire, pour tous Massons, Tailleurs de pierres, Charpentiers, pour les Couvreurs ont interest particulier en cet ouvrage, en ce qu'ils peuvent sçavoir par la simple lecture de ce toisé, la pratique mecanique de tous toisez de couvertures de quelque forme ou figure que ce soit, les combles des Palais, Chasteaux, maisons privées & publiques, & generalement de la derniere utilité à tous ceux qui n'ont que la simple lecture pour fond des sciences Mathematiques.

25
24
22
23
B
A
C
21
D
20

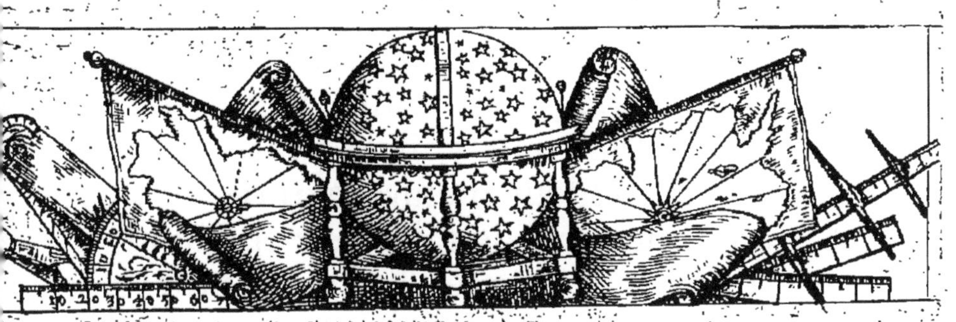

L'ALTIMETRIE O mesure du toisé, des solides po tous Corps Cubique, creux, concave & convexe, & pour toutes les trois Architectures Civille, Navalle & Militaire.

THEOREME XXIII.

E n'est pas assez que d'avoir enseigné la Theorie, pratique de toute superficie plane, tant de l'arpentage, que de ce qui dépend en general des quatres parties de Geometrie cy-devant alleguées; & comme jusques à present nous n'avons traitté que de tout ce qui est exterieur en ladite Geometrie, c'est à dire de tout dehors. Aprés avoir fait voir la pratique desdits objets, & leur mesure exterieure, nous continuerons de faire voir en abbregé le toisé des dedans des bâtimens tant privez que publics, le tout pour la commodité des Artistes esdits Arts de Massonnerie, Charpenterie, cecy estant de la suite de ladite Geometrie, comme il sera fait mention plus amplement en la suite de cet abbregé toisé Geometrique.

Des remarques & observations des toises, & leur difference necessaire tant aux Bourgeois, que aux aspirans entrepreneurs.

THEOREME XXIV.

Je ne faits aucun doute, & je presuppose mesme qu'il n'y a point de Conducteur ou Maistre d'œuvre, Masson ou Charpentier, qui ne sçache entierement le toisé : Aussi n'est-ce point pour l'instruction de ces Messieurs, qu'est fait ce precepte de toisé Geometrique : Et comme d'abondant je suis persuadé que cesdits Maistres sont theorique & pratiqué en toutes les dependances de la Geometrie, de l'Arithmetique necessaire à ses operations, des fractions ou nombre rompu qui la compose. Mon intention seulement est d'en instruire tous ceux qui par necessité ou par occasion s'en doivent servir selon les rencontres diverses; comme à tous Bourgeois qui font bâtir, & à tous ceux qui n'en ont aucune connoissance.

AU Compagnon Masson qui pretend parvenir à la dignité de Maistre, pour la necessité qu'il a de sçavoir le toisé, attendu que c'est la principalle & essencielle corde de son Art, lequel n'estant pas fondé de pratique ny theorie dudit toisé, sans mesme avoir les dispositions necessaires pour la pratique d'iceluy, aura lieu en ce Traité de se rendre intelligent en cette science, en observant de poinct en poinct l'operation suivante.

DEVANT que d'entrer au fond des operations, il faut observer l'intention du marché & devis desdits ouvrages; sçavoir si l'Entrepreneur a entrepris lesdits ouvrages à la toise tant pleine que vuide, & aussi si c'est à toise courante.

IL y a donc trois especes ou fasson de

toiser ; sçavoir la toise quarée, c'est à dire 36 pieds quarez en superficie plane.

LA toise cube de 36 pieds en superficie, & en son cube de 216 pieds.

LA toise courante, qui s'entend de toiser courammeut, soit en hauteur ou largeur ; c'est à dire je suppose que la face d'un bâtiment contienne huit ou neuf toises de face, quand ledit edifice seroit de 30 toises de hauteur, cela n'est à rien compté.

QUAND on toise par la hauteur en toise courante, jamais la largeur reciproquement n'est comptée ; cecy suffit pour la difinition des trois especes de toises, il faut venir à leur détail.

LESQUELS seront clairement expliquez au Theoreme suivant, cette fasson de toiser n'estant usitée qu'en la pluspart du Royaume, & non à Paris.

Des precautions reciproques du Bourgeois & l'Entreprenєur touchant l'Vs & Coustume de Paris pour le toisé.

THEOREME XXV.

IE presuppose qu'un Bourgeois qui a fait bâtir ou veut faire bâtir, doit estre inſtruit pour ſon intereſt particulier de prendre garde avec ſon Entrepreneur en paſſant ſon marché, de bien dis-je obſerver de quelle eſpece de toiſes il fait faire l'ouvrage de ſon bâtiment, & reciproquement auſſi le Maſſon ou l'Entrepreneur, ou aſpirant à l'entrepriſe deſdits ouvrages.

Je dis donc que le Bourgeois, de quelque qualité qu'il ſoit, auſſi bien que celuy qui veut ou deſire entreprendre, ils doivent tous deux également eſtre inſtruits des Vs & Couſtumes des lieux, ſpecialement de celle de Paris, qui eſt la grande & generalle regle du Royaume. Quant au batiment, & particulierement ſur le fait du toiſé, le Bourgeois & le Maſſon doivent ſçavoir l'Ordonnance de Henry Second de 1557, par laquelle il eſt fait mention de deux eſpeces de toiſez, l'un entendu à l'Vs & Couſtume de Paris, & l'autre entendu à bout avant ſon retour; ce que Meſſieurs les chef d'œuvre de Maſſonnerie entendent fort bien & ne l'ignorent pas : Mais pour les aſpirans auſdites entrepriſes, non plus que les Bourgeois, n'ayant nulle connoiſſance deſdits toiſez, fait ou que le Bourgeois faute de connoiſtre & entendre ce toiſé, ſe trouvera trompé en ces meſures, en croyant quelquesfois ne dépenſer que dix ou douze mille livres, il faut doubler la doze, faute d'avoir entendu l'uſage de ces deux eſpeces de toiſes, delà vient le proverbe, qui baſty ment.

L'ENTREPRENEUR reciproquement ou l'aſpirant à l'eſtre, faute ou par ſcience ou pratique d'entendre ces eſpeces de toiſes ſe trouvera au bout de ſon rolet en faiſant le double d'ouvrage pour peu d'argent, ou deux toiſes pour une.

LORS donc que le devis eſt formé, & les articles qui le compoſent ſont approuvez du Bourgeois, & qu'il s'enſuit paſſer le marché, j'averty égallement le Bourgeois & l'Entrepreneur non entendu auſdits toiſez, que lors que on conclud le marché ſusdit par la toiſe aux Vs & Couſtume de Paris : Cette faſſon de toiſer eſt de la derniere importance au Bourgeois, en ce qu'il paye toûjours deux toiſes pour une. La raiſon eſt, que l'Vs & Couſtume de Paris eſt d'enrichir extremement les maiſons d'Architecture, à quoy l'Entrepreneur ne s'épargne pas tant dedans que dehors, puisque le toiſé susdit de l'Vs & Coustume de Paris luy donne un pied pour chaque mambre couronné d'Architecture. Mambre couronné s'entend tout quart de rond qui porte son quaré, toute doussine qui porte son quaré, tout talon renversé couronné, toute face de corniche unie est un pied, en telle sorte que toute une corniche soit elle dantablement de maison, appuy de fenestre, de plafond de chambre; & generallement de toute autre espece, ayant peut-estre un pied ou demy pied de saillie, elles seront composées de sept ou huit mambres d'Architecture, qui sont autant de huit pieds, & de cette Architecture, elle emporte toûjours le tiers ou la moitié de la dépense desdits bâtimens, lors qu'ils en sont ornez, comme dit est, avertissant que en cette sorte de toise aussi jamais on ne toise le vuide que quand il y en a trop.

L'ENTREPRENEUR aussi doit prendre garde, que si son devis & marché est conclud à la toise, bout avant & sans retour, le Masson par l'Ordonnance sus alleguée, est obligé d'enrichir convenablement la maison en question d'Architecture à la qualité dudit bastiment selon qu'il le requerra, ſans que leſdites Architectures puiſſent eſtre toiſez, comme dit a eſté cy-deſſus, ny le vuide, mais ſeulement le plain. C'eſt pourquoy c'eſt à luy de prendre garde à ces meſures; & aux deux termes ſus alleguez és deux eſpeces de toiſes; ce qui eſt ſi eſſentiel au Bourgeois & Maſſon, que l'ignorance à l'un & à l'autre de ces deux ſortes de toiſes, & s'y engager, cauſe la pluſpart du temps la ruine ou du Bourgeois ou de l'Entrepreneur.

Du toiſé, & meſme des fondations & reductions en toiſe cube.

THEOREME XXVI.

TOUTES fondations de quelque eſpece & nature qu'elle ſe rencontre en l'Art de bien baſtir, ſe toiſe & meſure en cette ſorte.

PREMIEREMENT on doit prendre la profondeur deſdites fondations depuis le ray de chauſſe d'iceux juſques à leurs profondes profondeurs avec une ligne à plomb; ce que eſtant fait, on meſure la largeur des fondations ſuſdites, & enſuite de ce, la longueur d'icelle, multipliant al longueur par la profondeur, vous avez le contenu & nombre de toiſes desdites fondations ſus propoſées.

De la pratique de toiſer tout pand de bâtiment par toiſes quarées tant pleines que vuides ou autrement.

THEOREME XXVII.

APRES avoir également averty le Bourgeois & Maſſon de quelle eſpece de toiſes ils doivent ſe ſervir en la meſure de leurs ouvrages, je donneray toûjours pour avis pour la ſeureté du Bourgeois & Maſſon de faire leurs marchez conformement à l'un ou l'autre toiſé cité par l'Ordonnance ſusdites, & prendre egalement l'un & l'autre ſes meſures, quoy que à preſent on toiſe egallement le vuide & le plein, jusques à la pointe meſme des pignons & faits de lucarnes; lors qu'on toiſe de cette façon tant plein que vuide, en ce cas faut entendre que c'eſt par toiſe quarée en ſuperficie contenuë de 36 pieds, comme il a eſté cy-devant dit : Tellement que un pand ou face de baſtiment, ayant dix toiſes de largeur, & de hauteur douze, vous multipliez la largeur par la hauteur, & avez le contenu au juſte des nombres de toiſes quarées en la face de vôtre baſtiment, ajouſtez 12 toiſes.

Largeur 1 0 toiſes.

1 2

1 2 0

LE total desdites toiſes quarées revient à cent vingt toiſes qui ſe rencontrent en l'élevation & largeur dudit baſtiment ou face d'iceluy : Il ſuffira icy de dire, que à l'égard de toute hauteur, largeur & épaiſſeur de murs de quelque nature & qualité qu'il ſoit, ſoit il face de baſtimens, murs metoyen, murs de refand, cloiſon, languette, contremurs, & generallement toute eſpece de Maſſonnerie qui a ſuperficie plane, ſe toiſe & meſure par la largeur & par la hauteur du contenu qui s'y rencontrent, & par ainſi multipliant l'un par l'autre, on a facilement le contenu esdits murs, ainſi que le toiſé de la faſſade cy-deſſus le demontre, auſſi a-t-elle eſté faite à cette intenſion, à laquelle je renvoye le Lecteur pour ſa plus grande satisfaction de luy & l'autre qualité.

De ce qui doit passer pour pied & toise touchant les moindres ouvrages des bâtimens.

THEOREME XXVIII.

CECY est essentiel à sçavoir aux Bourgeois & Entrepreneurs touchant ce qui doit entrer en nombre de toises ou toisez selon l'Us & Coustume de Paris, & de la toise, bout avant & sans retour, soit donc à l'usage de l'un ou de l'autre, mesme du toisé tant plein que vuide; il faut observer que les cloisons recouvertes, endivis de galletas, à cause qu'il faut contrelater, sellement des Lambourdes qui supporte les parquais, les pavez à carcaux, & les languettes de cheminée, tout cela doit estre estimé l'un équipolant l'autre, & doit passer pour toise de gros mur, c'est ce que l'aspirant entrepreneur doit prendre garde.

TOUTEFOIS il y a une exception qui est, que si il n'y avoit que lesdits sellemens de lambourdes, en ce cas toiſes ne valent & ne ſont eſtimez que pour deux, ainſi du reſte.

LES ſupercificies ou aires de planchez de platre, les cloiſons non recouvertes de pan, ny d'entre les ailles des lucarnes, tout cela ordinairement ſe doit toiſer à deux toiſes pour une, ſi lesdites cloiſons ſont contre-lattée & recouverte d'un coſté, en ce cas, elle ſe compte à trois toiſes pour deux. Tous andivis & crepy de vieille muraille, qu'il faut rehacher, ſe compte & toiſe ordinairement à ſix toiſes pour une ; & lors qu'il n'y a point de fracture ausdits murs, comme nombre de trous à boucher, crevaſſe ou fente, en ce cas, on ne toiſe que quatre toiſe pour une, qui s'entend du prix & valeur du gros mur. Tous ſellemens des corbeaux à porter poutre, ſolive, ſe compte pour un pied, ainſi que ſemblablement ſe compte tout ſellemens des gonds à contre-vents, pour les grilles de fer, gonds des portes en dedans, ſe toiſe pour demy pied & quart demy pied, comme les grilles de fer lors qu'elles ne ſont que ſellées & platrées, elles ne ſont toiſées que pour un quart de pied, ſi elles ſont ſellées en pierre de taille, elles paſſent pour demy pied.

Du toisé des escalliers.

THEOREME XXIX.

IL faut icy remarquer qu'il y a de plusieurs especes d'escalliers aux bastimens, les sçavans en l'Architecture civile en admettent de huit especes, qui sont les escaliers rampans, rachetans leur berceau, les experts dans le trait connoissent aussi l'escalier rampant quaré à spallier ou plafond, qui est en uzage aux grandes maisons, les escalliers à lunette sans noyau, les escalliers à noyau simple, les escalliers à quatre noyaux, chiffre au milieu, les escalliers derobez à marche grionne en rampe simple, les escalliers rampans en visse Saint Gille en chiffre ovalle au milieu sans noyau, les escalliers à fer à cheval: Il y a une 9. espece, & que je puis dire la merveille de nostre France aprés la destruction de la visse S. Gille, détruite & abbatuë au Palais des Thuilleries, les sçavans sçavent assez ce que je veux dire, pour celuy que j'admets est à rampe double au Chasteau de Chambord. Parlons de la maniere de toiſer lesdits escalliers, dont la pratique s'enſuit.

ON toiſe toute eſpece de marches desdits escalliers cy-devant nommez, par la largeur & hauteur desdites marches, obſervant prealablement la longueur d'icelle, en telle ſorte que avec une ligne bien juſte, vous la faites courir en ſuivant le nu desdites marches; cela ſe peut toiſer à quel bout l'on veut, pourveu que l'escallier ſoit quaré; & cette façon de toiſé ſe fait à tous escalliers quarez lors que les marches ont ſix pieds de longueur, ſix pouces de hauteur, un pied de marche, les trois paſſent pour toiſe.

A l'égard des marches gironnées on les toiſes avec la ligne ſusdites par le milieu d'icelle, & on meſure avec la toiſe ce qui ſe rencontre de longueur en ladite ligne en la longueur ou hauteur de chaque rampe: Il ne reſte que à prendre garde à la largeur desdits escalliers, ſi les marches n'ont que trois pieds de longueur, on paſſe deux toiſes pour une, ſi elles n'ont que deux pieds trois toiſes pour une, ainſi du reſte; cela eſt plus que ſuffiſant pour cette ſorte de toiſé.

Le toisé des couvertures plattes à épy mensarde, comble en dome Imperialle & autres.

THEOREME XXX.

S'IL s'agist de toiser une couverture plate, c'est à dire à simple faitage, en ce cas, vous prenez la longueur de ladite couverture, & mesurez sa hauteur depuis lantablement jusques au faite, & multipliant l'un par l'autre la longueur par la largeur, vous avez le contenu de ladite couverture requise.

SI vous voulez toiser la couverture d'un Pavillon à épit, les Maistres Charpentiers & Couvreurs sçavent ce que c'est, la proportion duquel est sa hauteur en pointe égale à sa largeur, en telle sorte que la forme de telle couverture fait un parfait Triangle équilateral, ayant trois Angles aigus & égaux; si bien que ayant quatre cotez audit pavillon, il y a par consequent quatre formes de Triangles, lesquels joints ensembles forment un quaré parfait. Ayant donc la largeur dudit comble d'un costé seulement, que je suppose avoir 9 toises, il faut multiplier

9 par quatre, qui ſont les quatre coſtez ou Triangles, il n'eſt pas bien difficile de compter que quatre fois neuf font trente ſix toiſes, contant dans le total dudit comble à épit.

De la Manſarde, ſon toiſé.

THEOREME XXXI.

LA couverture ou Manſarde n'eſt autre choſe qu'une ſemie exagonne plantée ou renverſée, Manſart a eſté le premier Architecte qui a mis en uſage cette ſorte de couverture, auſſi l'uzage d'icelle luy a donné ſon nom.

POUR toiſer ladite couverture en queſtion, on fait deux ſtations ou operations, on meſure la longueur du pan de couverture dont on veut ſçavoir le contenu, & ſa hauteur juſques au cordon ou pan de fetage, multipliant la longueur par ladite hauteur, vous avez voſtre nombre de toiſes de cette premiere operation.

LA ſeconde eſt, que vous meſurez la longueur dudit cordon par la toiſe, & pour la hauteur depuis ledit cordon juſques au faitage de ladite couverture, &

mesure la longueur dudit faitage, multipliant, comme dit a esté, la longueur par sa hauteur, vous avez le contenu susdit, ajoutez vos deux operations ensemble, vous avez le contenu & nombre total.

Du toisé d'un Dome en demy spherre convexe.

THEOREME XXXII.

C'EST icy où j'invite Messieurs les Sçavans en la Science de bien toiser, & leur poze en fait, que jusques à present la veritable mesure d'un Dome en demy Spherre a esté comme inconnuë. Toutes les Figures generallement de la Geometrie sont connues & faciles à mesurer, mesme les plus inregulieres par la reduction des Triangles; mais ceux cy & tous ceux qui s'en sont meslez jusques à present, ont tous generallement passé par auprés, attendu qu'ils ont toisé ces sortes de Figures, comme l'aveugle qui veut tirer au blanc rencontre si peu. La raison de cette verité est, que tout édifice sans fondement ne peut subsister, toute Science sans preuve, specialement dans la Geometrie, eſt un fantôme, qui n'a que l'apparence, & s'en fuit en l'air. Or eſt-il que jamais aucun n'a peu donner de preuve palpable de la meſure certaine de ces ſortes de figures ſepheriques, par raiſon qu'ils ont ignoré ſa quadrature, & qui en eſt ſa baze & ſon fondement, & ſa preuve, ſa reduction du quaré d'icelle en ſa meſme ſphere par l'uſage ſeul pratiqué du compas. Et comme cette façon de meſurer ou quadrer ſa circonference eſt tout à fait extraordinaire, & que un ſimple Theoreme ne ſuffit pas pour en montrer & enſeigner ſa pratique, j'en ay fait un Traité particulier, auquel je renvoye le Lecteur curieux, où non ſeulement il apprendra l'abus de tous ceux qui ſe melent de toiſer telle Figure ſans cette unique Science, mais encore il ſera deuëment enſeigné de toiſer parfaitement tout Cercle & Circonference, toute voute deraite ou Arc de Cloiſtre ceintre ſur baiſſe, plein cintre, deſcente, biaize en tallue, & reduire uniquement tout Cercle, avec connoiſſance de cauſe, leſdites Figures ſepherique, circulaire, convexe en leur veritable quaré parfait Geometrique, & toute Ligne circulaire, en trouver par le trait du compas sa reduction en ligne droite, & reciproquement de reduire une ligne droite en ligne courbe proportionnelle à ladite ligne droite; & generallement la parfaite connoissance desdites superficies circulaires.

Du toisé des couvertures Imperialles.

THEOREME XXXIII.

LA pratique & façon de toiser les couvertures Imperialles est assez delicate pour en faire les justes operations; cependant pour satisfaire à nostre proposition, il faut traitter de son operation en cette sorte.

On doit mesurer une fois la largeur d'icelle au droit de lantablement du Pavillon que l'on pretend toiser, observant de prendre avec une ligne depuis le pied du toits de la giroüette ou faitage dudit Pavillon; en telle sorte que le costé estant reduit en Triangle, comme il a esté cy-devant dit du Pavillon couvert à épit, reunissanr ses quatre Triangles comme dit a estê, vous avez le contenu au vray de vostre mesure, &

nombre de toises contenuë en ladite couverture Imperialle.

Du toisé des fleches ou Clochers en piramides en Poligonne, ou autrement.

THEOREME XXXIIII.

CETTE façon de toiser piramidialle a besoin du secours particulier & pratique de la Geometrie. Il faut donc observer que pour telles operations piramidialle, il faut avoir la largeur ou diametre de la baze de ladite piramide, & se persuader que le somet d'icelle en est le centre, qui a un poinct à l'extremité d'icelle : Ce que estant fait, il faut prendre la moitié de ladite circonference, & la moitié de la hauteur de ladite piramide, & multipliant l'un par l'autre, vous avez son contenu au juste.

Du toisement de la charpente & gros bois en œuvre ou autrement.

THEOREME XXXV.

A TOISER les bois sur pied ou abatu avant que estre en œuvre, on les meſure diverſement & meſme differemment, comme les groſſes pieces, poutres ou traverſes ſont meſurée & toiſée ordinairement pour trois à quatre toiſes de longueur, de quatorze à quinze poulces de cariſſage.

LES ſolives ou ſoliveaux ſont toûjours toiſez de cinq à ſix poulces ſur neuf pieds de longueur.

LES ſablieres & faitage ſont pieces de bois en œurves, toiſé de ſix poulces d'épaiſſeur huit à neuf de largeur ſur la longueur qui ſe rencontre.

Les fleches en trait tirans à moiſe, & pieces portantes, ſont toiſez depuis 6 à 7 ou huit poulces d'épaiſſeur ſur neuf à dix & unze poulces de largeur pour leur longueur, ainſi qu'il ſe rencontre. Obſervant que ſelon la qualité des bâtimens où leſdits bois ſont employez, ils ſont ou plus, ou moins gros & large, les chevrons ſont meſurez ſur trois, quatre poulces de largeur & épaiſſeur.

POUR le toiſé des ouvrages de charpenterie eſt ſi commun & familier, que le moindre Compagnon en cette pratique n'en ignore de rien; c'eſt-pourquoy il n'en sera traité d'avantage.

Du toisé solide & cubique de l'Architecture Militaire en l'usage de la fortification des rempars & bastions des forteresses des Villes.

THEOREME XXXVI.

POUR toiser le solide de tous rempars flanquez, & accompagnez de leurs bastions, on doit operer en cette sorte.

PREMIEREMENT on observe le fruit ou tallu en dedans des fossez desdits rempars, ce que le fruit en contient sur la hauteur totalle depuis le fond desdits fossez jusques à la hauteur des cordons ou baze du parapet d'iceluy; ce que ayant bien remarqué par le jet d'une ligne à plomb, vous voyez par la toise ce que contient d'épaisseur vostre rempar. Ayant donc vostre longueur que je suppose estre la longueur de la courtine entre deux Angles flanquez, laquelle est de 60 verges ou toises de longueur pour les plus longues, la hauteur depuis le ray dechausse desdits rempars jusques ausdits cordons, soit supposé de vingt & un pieds de hauteur, l'épaisseur de douze pieds, il faut multiplier ladite longueur par 3 toises ½ de hauteur, deux d'épaisseur, 60 toises de longueur.

Regle.

60 toises de longueur.
3 toises ½ hauteur.

180
30 pour la ½ toise.

210
2 toises d'épaisseur.
420 toises pour le total.

Je trouve donc pour le contenu total de mon susdit toisé, & selon les mesures proposées cy-dessus, que ma courtine rampart contienne quatre cens vingt toises cubes de Massonnerie, cette regle est generalle & infaillible pour toute espece de toises de semblable nature, & rencontre tant bastions, que ravelin, demy Lune envelopez d'icelle, & autres gros corps solides.

Du Toisé & mesure cubiques des parapels, bans & banquette.

THEOREME XXXVII.

POUR toiser les Parapels de tous rempars, soit des courtines & bastions des forteresses, leurs bans & banquettes, on opere & pratique en cette sorte : On mesure la longueur d'icelles, leurs épaisseurs & hauteurs, & leurs glacis, lequel faut toûjours reduire à sa moitié, c'est à dire le glacis s'entend la pante qu'on donne ausdits parapels pour la découverte des fossez & égouts des eaux; je suppose donc, que ledit parapel aye 6 pieds d'épaisseur, 4 pieds en dehors, & 6 pieds en dedans de hauteur, ledit glacis sera donc de deux pieds de pante sur ladite épaisseur de six pieds forme un Triangle scalone, lequel double compose un Paralelograme, qui a six pieds quarez & cubiques. Pour l'épaisseur contenuë dans ledit glacis, je suppose la ongueur dudit Parapel de 60 toises, je cube premierement le contenu de mon glacis, & dit une toise cube contient 216 pieds, je trouve ledit Glacis revenir à 10 toiſes, joint au total dudit Parapel, monte cinquante toiſes quarées, cubes & ſolides, retranchant un ſixiéme pour la pante de mondit Glacis, ſelon les meſures propoſées; & partant meſme reſte que les ſusdites 50 toiſes, le tout entendu à 216 pieds par toiſe cube juſte & égale, pour le contenu du glacis de mondit Parapel, cecy eſt clair & intelligible ſans tant d'embaras, defractions, de diviſions & multiplications.

CETTE regle eſt univerſelle en toutes ſemblables operations, lors qu'il s'agiſt de reduire des pieds en toise ſolide, & des poulces en pied, attendu que qui peut bien faire une grande operation facilement, en fait bien une moindre. Ainſi les bants & banquette, pieliez boutans, gerite, ſe reduiſent par la meſme regle au glacis & parapel cy-deſſus traittez & propoſez.

Du toisé des tenailles, ouvrage à corne, fraize, palissade, porte rateau, pont levis, tape cul.

THEOREME XXXVIII.

IL se rencontre en ce Theoreme de deux à trois especes de toises, l'une solide, & l'autre courante, & quarée en superficie.

A l'égard des tenailles & ouvrages à cornes, qui sont ordinairement pieces détachées des fortifications & enclos des forteresses, leur façon de toiser est égale, & se doit pratiquer de la mesme façon qu'il a esté enseigné au toisé des courtines, rempars & parapels cy-dessus traitez.

POUR les portes & rateaux des forteresses se toise à toise courante quarée de trente six pieds en superficie, multipliant la longueur par la largeur, vous avez leur contenu facilement.

POUR les fraizes & palissades ces especes de choses-là se toisent en toise courante de six pieds en longueur, sans autre dimentions.

A l'égard des Pont-levis & tape-cul,

ces ſortes d'ouvrages ſe meſurent, ainſi qu'il a eſté dit des portes, c'eſt-pourquoy il n'en ſera fait autre mention.

Du toiſé du Plan Geometral, des Forts, Redoutes, Tranchées, Lignes de communications.

THEOREME XXXIX.

EN ce preſent Theoreme, ainſi que dans ſa pratique, ſe rencontre diferents objets, qui ſe meſurent en divers uſages de toiſez. Quant aux Plans Geometriques deſdits Forts ſe toiſe & meſure par toiſe quarée de 36 pieds en ſuperficie. Quant au retranchement des lignes de communication le tout ſe meſure par toiſe courante : Et à l'égard du vidange ou plein des tranchées, toute & tels ouvrages ſe toiſe à la toiſe courante ſuſdite pour toutes les terraiſſes, gabions, & generallement les turcies ou maſſe de terre ſolide faite en forme de cavalier pour battre une place, & mettre deſſus pluſieurs pieces de batterie, ces ſortes de travaux ſe toiſe tous à la toiſe courante ou la toiſe cube ſelon les conventions & diſpoſitions deſdits travaux.

FIN.

TABLE DES THEOREMES contenus en ce Traité, outre la Table des difinitions Geometriques.

TABLE.

Avertissement de quelques fautes survenuës en l'impression.

En la preface de ce Traité, page 2. lisez Solstite pour equinoxe, pag. 18, au Triangle Orthogonne en la planche de demonstration, lisez G. pour Q. au Triangle oxigonne en la page 19. lisez V. pour 5.

LA CLEF DE L'ARITMETIQVE OV LA SCIENCE DES nombres, pour resoudre toutes questions proposées, pour les operations de la Geometrie Françoise.

Difinition Premiere.

LA Science des Nombres ou la clef de l'Arithmetique est composée pour les operations precedentes de nôtre Geometrie Françoise, pour le ſoulagement de ceux qui mettront en pratique ſes operations.

POUR d'abort entrer en matiere ſur le ſujet que je me ſuis propoſé en cet Ouvrage, laquelle paſſe juſques à l'infiny, quant à ſon eſſence, & eſt bornée & limitée quant à ſa pratique en l'uſage du commerce general & particulier des Hommes.

JE propoſe donc en ce Traité de faire voir, enſeigner non ſeulement par la Theorie de ce diſcours, le fondement des quatre reigles familieres pratiquées en l'Arithmetique; ſçavoir l'adition, ſouſtraction, multiplication & diviſion; mais de poſitivement & ſur le champ donner ſolution & reſoudre toutes queſtions univerſellement propoſées de quelque nature, eſpece, qualité & diſcuſſion qu'elle ſe puiſſe rencontrer par la pratique des regles ſuivantes.

Sçavoir en adition, ſouſtraction, multiplication & diviſion.

Regle de trois.

Regle de Marchand.

Regle de Compagnie.

Regle de partie allicotte.

Regle de fractions.

Regle d'Algebre.
Regle de navigation,
Regle double ou extraction de la racine quarée.
Regle triple ou cubation de tous corps ſolides.
Regle en partie égale & inegale.
Regle d'intereſts & reduction de ſols en livres & deniers.
Regle de proportion.

Le tout diverſement ſelon l'uſage general & particulier de toutes queſtions univerſelles qu'on pourroit demander & propoſer ſur quelque ſujet generalement parlant qui puiſſe eſtre faite ſpecialement en faveur des Ouvriers, Officiers en l'Architecture Civile & Militaire.

De l'adition, ſon uſage & pratique en toutes queſtions d'Arithmetique.

DIFINITION II.

L'USAGE de l'adition eſt une regle entenduë en l'Arithmetique de pluſieurs ſommes jointes enſemble, le produit total deſquelles donne la ſomme requiſe, comme l'exemple ſuivante.

UN particulier doit à un autre d'une part la ſomme de 0134 l. A.

part la ſomme de	0134 l.	A.
	0972 l.	1
	5397 l.	1
Le produit total	0232 l.	
monte à la ſõme de	0025 l.	
	0009 l.	
	6769 l.	

Adition en livres, ſols & deniers.

Pierre doit à Jean d'une part la ſomme de

me de	532 l. 4 ſ. 3 d.
B	1843 l. 10 ſ. 2 d.
	326 l. 9 ſ. 10 d.
	59 l. 2. ſ. 5 d.
	8 l. 3 ſ. 4 d.
	2769 l. 9 10 ſ. 0. d.

PREUVE des deux regles d'aditions precedentes.

ON doit ſçavoir, que pour bien juſtement prouver un addition, les Sçavans admettent de deux ſortes de preuves, l'une vulgairement appellée, preuve de neuf, l'autre de soustraction qui est la veritable preuve, ladite preuve de 9 se fait en cette sorte. Faut oster tous les nombres de 9 qui se rencontrent au total des articles qui composent ladite addition de quelque sorte qu'elle puisse estre, soit en livres, sols & deniers, & ce qui se rencontrera moins de 9 à la fin de tous les articles le faut marquer à costé de la Regle, comme est la Regle marquée A & B.

Exemple.

JE veux prouver par soustraction la Regle cy jointe, marquée B. & la presente en livres, sols & deniers marquée A B C D E F, laquelle se fait en cette sorte. Faut oster tous les nombres l'un aprés l'autre de l'adition du produit total des sommes contenuës en icelle, & faut qu'il ne reste rien, s'il se rencon-

A	B	C	D	E	F
1	6	3	2 l.	1 s.	3 d.
2	4	7	1 l.	2 s.	2 d.
	5	4	6 l.	3 s.	6 d.
		7	3 l.	5 s.	4 d.
4	7	2	2 l.	12 s.	3 d.

troit du reste la regle seroit fausse, quand il ne s'en rencontre point au corps de l'adition, la regle est bonne.

De la soustration.

DIFINITION III.

LA soustraction n'est autre chose en l'Arithmetique qu'une regle qui enseigne à oster un petit nombre d'un plus grand, l'usage de laquelle est en debte, payé, & autre sujet en cette sorte.

UN particulier doit à un autre une somme de 45672 l. & ledit particulier ne paye à valoir sur ladite somme que celle de 21234 l. on demande ce qu'il restera.

Regle.

Debte	45672 l. 5 s. 9 d.
Payé	21234 l. 7 s. 6 d.
Reste	24438 l. 8 s. 3 d.
Preuve	45672 l. 5 s. 9 d.

Autre Regle.

UN Entrepreneur a entrepris à faire 94853 toises de massonnerie, il a fait desdits ouvrages celle de 13979 toises $\frac{1}{2}$, on demande ce qui reste.

Regle.

Ouvrage totale	49853	toises.
Ouvrage faite	13979	toises $\frac{1}{2}$.
Reste à faire	33984	toises $\frac{1}{2}$.
Preuve	49853.	

POUR faire ladite soustration, on dit que de 3 oste 9 ne peut, faut emprunter sur le 9 du total, & l'emprunt vaut 10. dix & 3 sont 13. qui de 13 paye 9. reste 4. qui de 5 paye 7 ne peut, faut emprunter une dixaine sur le mesme 9, & dire, 10 & 5 sont 15. qui de 15 paye 7 reste 8. & ainsi du reste.

POUR la preuve de la soustraction se fait en aditionnant, le payement fait sur une somme totale, avec ce qui reste à payer de ladite somme totale ; en telle sorte, que lors que le produit dudit payement, & restant de la somme principale cadre ensemble au total en nombre & caractere des chiffres qui composent ladite somme principale, alors la regle & la preuve sont infaillibles, comme on peut observer aux regles precedentes de soustraction.

De la multiplication.

DIFINITION III.

LA multiplication eſt la troiſiéme regle de l'Arithmetique, l'uſage de laquelle eſt de trouver un nombre qui contienne autant de fois le nombre 9 multiplier, qu'il y a de chiffres au multiplicateur, & de trouver par une petite valeur connuë la valeur d'une grandeur ou ſomme inconnuë.

POVR bien multiplier, il faut ſçavoir, que 2 fois 2 ſon 4. 2 fois 3 ſont 6, que 2 fois 4 ſont 8. que 2 fois 5 ſont 10, 2 fois 6 ſont 12. que 2 fois 7 ſont 14. 2 fois 8 ſont 16. 2 fois 9 ſont 18. 2 fois 10 ſont 20.

Que 3 fois 3 ſont 9. 3 fois 4 ſont 12. 3 fois 5 ſont 15. 3 fois 6 ſont 18. 3 fois 7 ſont 21. 3 fois 8 ſont 24. 3 fois 9 ſont 27. 3 fois 10 ſont 30. que 4 fois 4 ſont 16. que 4 fois 5 ſont 20. 4 fois 6 ſont 24. 4 fois 7 ſont 21. 4 fois 8 ſont 32. que 4 fois 9 ſont 36. que 4 fois 10 ſont 40. ainſi on doit multiplier juſques à l'infiny ſelon cet ordre.

Regle de multiplication.

UN particulier a fait arpenter une sienne piece de terre, laquelle contient 89 perches de longueur, & 62 perches de largeur, il faut chiffrer en cette sorte, poser le plus grand nombre dessus & le moindre dessous.

89 perches de longueur par
62 perches de largeur.

178

534

5518 perches contenues en la piece de terre proposée.

UN Marchand a fait emplette de 325 aulnes de Brocart, à raison de 7 l. l'aune, combien le total de l'achapt.

325 aulnes de Brocart à
7 l. l'aune.

Le tout 2275 l. pour la valeur dudit Brocard.

De la Division.

DIFINITION V.

LA division en l'Arithmetique n'est autre chose que partir une somme en plusieurs sommes, qu on peut nommer proprement regle des parties allicotes & fractions, comme je feray voir cy aprés, & d'abort j'entre en regle pour ne me point amuser à definir ce que tous les livres chantent d'un mesme ton.

Regle.

LE Roy fait un emprunt sur 9 particuliers, chacun doit prester autant l'un que l'autre, l'emprunt est de la somme de 84537 l. on demande combien chacun pretera, faut observer de trancher les chiffres à chaque operation.

Operation.

```
  382
 84537 l.        9393
 9999               9
                84537
```

Preuve.

CHACUN des particuliers en

question devroit contribuer de la somme de 9393, ainsi qu'il est venu au quotien de ladite division prouvée par la multiplication son contraire.

Regle de Marchand en societé.

DIFINITION VI.

VINGT UN Marchands ont acheté ensemble le nombre de 23436 aulnes de velours, lesquels ont paye chacun leur part pour la valeur d'iceluy, on demande à partager le nombre susdit, & combien à chacun il leur reviendra d'aulnes dudit velours.

IL y a 23436 aulnes de velours à partager par 21, faut faire la Regle selon l'operation de l'autre part.

Regle.

```
   1
  232
 23436      1116 aulnes de velours
 21111        21 à chaque associé.
  222       1116
            2232
Preuve     23436
```

FAUT dire en 23 combien de fois 21. il y eſt une fois, il reſte 2 que je poſe ſur 3. & je dis en 24 combien de fois 21. je trouve une fois, & me reſte 3. que je poſe ſur 4. & je dis en 33 combien de fois 21. une fois, & reſte douze, je poſe 1 ſur 3. & 2 ſur l'autre 3. le tout me fait 126, & je dis en 126 combien de fois 21. cela fatigue trop la memoire, je dis ſeulement en 12 combien de fois 2. je trouve 6 fois, que je mets au quotien, & je multiplie 6 par 1. reſtant de mes 21. & dis une fois 6 ſont 6. oſtez de 6. il ne me reſte rien, & toute mon operation eſt faite, & je trouve qu'à chaque aſſocié il leur revient le nombre de 1116 aulnes dudit velours.

Toute propoſition ſans preuve eſt fauſſe, doncques on ne doit aſſurer une regle bonne ſans ſa preuve.

La preuve de la diviſion ſe fait par la multiplication en cette ſorte : On multiplie toûjours ce qui revient audit quotien par le diviſeur, ajoûtant que s'il ſe rencontre du reſte en la diviſion de l'ajouſter au dernier chiffre à droit ſur ledit quotien, & lors que la multiplication eſt faite, il faut aditionner ce qui en revient, ſi tous les chiffres qui viendront en ſon produit quadres & sont semblables en ordre, & caractere à la division, alors la regle est infaillible, s'il ne quadre qu'en quelques-uns la regle est absolument fausse.

Des parties Allicotes.

DIFINITION UII.

LES parties Allicottes en l'vsage de l'Arithmetique ne sont autre choses qu'une espece de division; sçavoir retirer une partie d'une autre partie plus grande, comme de dire la moitié de 10 l. est 5 l. le $\frac{1}{3}$ de 3 l. est 20 s. les $\frac{3}{4}$ de 20 s. est 15 s. le $\frac{1}{4}$ est 5 s. ainsi du reste.

Deux legeres fautes ou transpositions de chiffres & phrases sont glissées dans l'impression de cette Arithmetique, en la page 4. adition cottée B. le 9 qui est entre les 10 sols & produit de la regle est nul.

En la page 8. difinition IV. de la multiplication, à la quatriesme ligne faut lire, autant de fois le nombre proposé qu'il y a de chiffres au multiplicateur, & laisser la transposition qui dit 9 multiplier, estant nulle.

De la Regle de trois & multiplication,

DIFINITION VIII.

L'USAGE de ses Regles sont de la derniere consequence, particulierement aux Ouvriers, Architectes, Ingenieurs, Massons, Charpentiers, Marchands & à tous Negocians, & se pratique en cette sorte.

PAR un nombre connu on trouve un nombre inconnu en cette pratique.

UN Bourgeois desire faire construire un bâtiment d'environ 32346 toises en total de son pretendu bâtiment, mais devant que s'y engager, il veut sçavoir à quoy reviendra sa dépense totale à raison de 7 l. la toise.

IL faut operer ainsi & dire par regle de trois, si une toise d'ouvrage coute 7. l. combien coutera 32346, il faut multiplier les 32346 toises par le prix & valeur de 7, & on aura le contenu de sa dépense totale.

Regle.

32346 toises à 7 l. la toise.
7
226422 l. pour fond de la dépense totale.

IL faut observer que la regle de trois a divers usages, & son principal est que par le moyen de trois termes connus on aye un quatriéme terme inconnu, qui est prouvé par quatre termes proportionnaux. Et pour en sçavoir l'usage, il faut sçavoir que le second terme se doit multiplier par le tiers, & ce qui provient de cette multiplication le diviser par le premier terme, ce qui vient au quotien de la division est le quatriéme terme que l'on cherche.

Exemple en Regle.

SI en 2 jours il y a 48 heures, combien y aura t-il d'heures en 15 jours, premierement faut multiplier 48 par 15, il viendra 720, & faut diviser lesdits 720 par deux, qui est le premier terme, & me viendra au quotien de ma division 360, qui est le nombre d'heures contenu en 15 jours.

Operation.

En 2 jours 48 heures pour 15 cours multiplier par 15 jours proposez.

240
48
720

Faut diviser 10
Les 720 par 2 720 360 heures
2 222 [pour 15 jours

IL faut observer que cette regle est universelle sur toutes questions à proposer, & qui fera bien cette operation peut faire tout ce qu. peut concerner la regle de trois, en quelque rencontre que ce soit.

De la Regle de trois en proportion.

DIFINITION IX.

L'VSAGE de cette regle est essenciellement necessaire aux sçavans &

& amateurs des nobles dépendances des Mathematiques ; & comme je suis persuadé que tous les Arithmeticiens du temps ont ignoré cette regle, aussi ne leur est-elle pas necessaire, en ce que c'est l'unique regle pour la veritable science des mesures des lignes en proportion que j'ay composée pour la facilité de ma Geometrie Françoise, & se pratique en cette sorte.

Soit proposé une ligne droite contenant un nombre de mesure ou partie de 100 pieds, laquelle ligne soit divisée en 5 parties, & une autre ligne moindre en trois parties, on demande combien il faudra de partie de la ligne moindre pour équipoler la ligne grande pour luy estre égale en distance.

Operation.

Il faut poser la 3 —— 5 —— 100 moindre ligne sous la grande.

Ie dis si trois me donne 5, combien me donneront 100. je multiplie mon second terme 5 par le troisiéme, qui est 100. & me vient 500 en ma multiplication, je divise 500 par trois mon premier terme, & me vient 166 $\frac{2}{3}$ au quotien.

Operation de la regle en proportion.

Difinition X.

SI 3 me donne 5. combien me donneront 100 ______

Faut multiplier 100 par 5

100
5
———
500

Faut diviser 500 par 3 premiers termes.

222
500 (166 $\frac{2}{3}$
———
333

Il me vient au quotien 166 $\frac{2}{3}$ qui est le nombre des parties ou mesure de perche ou pied ou toise, aulne ou autre mesure contenuë en la grande ligne proposée par sa reduction à la moindre.

J'avertis qu'il faut barer les chiffres à chaque operation de division selon la pratique ordinaire d'icelle.

Regle d'ègalité en proportion.

DIFINITION XI.

JE veux sçavoir combien un muid de vin qui contient 240 pintes, la pinte contenant huit verres de vin, combien il seroit contenu de pinte de vin à 9 verres par pinte.

J'opere en cette façon & pose mon premier terme au bout de ma ligne en cette sorte   8 —— 9 —— 240
& poser 9 pour second terme & 240, pour troisiéme je multiplie les 240, qui est mon troisiéme terme, par 9 mon second.

Operation.

240 pintes au muid en question
à 9 verres par pinte.

2160 verres de vin contenus au muid en question,

Faut diviser par huit le premier terme

en cette sorte   5
2160 [270 pintes.
888

Cette regle montre que 270 pintes

ſont contenuës au muid propoſé à raiſon de 8 verres par pinte, & qu'à 9 verres il n'en contient que 240.

Regle d'égalité en proportion diſſamblable, pour la longitude en la Navigation.

DIFINITION XII.

LA regle d'égalité en proportion diſſemblable ſe fait en cette ſorte.

Exemple.

Si trente degrez de latitude ſont contenus en leur meſure, combien faudra-il d'un & d'autre pour entrer en égalité de proportion pour former 24 degrez de longitude, il ne faut que mettre 30 ſous 24, le 24 ſous 30 marqué A B. ainſi les parallelles ſont en contre-échange, qui veut dire qu'il faut 30 degrez de latitude pour 24 de longitude, ſelon les lignes coté A B. 24 A. ———— B 30.

30 ———— 24.

Cette regle s'entend des degrez de latitude en variation de l'equinoxial.

Regle de fraction.

La fraction n'eſt qu'une partie d'un entier ou reſte de meſure, ſoit de toiſé, perche, degré, minutte, reſte de livres, ſols & deniers, les caracteres ſont en cette ſorte, $\frac{1}{2}$ $\frac{1}{3}$ $\frac{1}{4}$ $\frac{1}{5}$ $\frac{2}{6}$ $\frac{3}{7}$ $\frac{4}{8}$ $\frac{5}{9}$ $\frac{6}{10}$ $\frac{7}{11}$ $\frac{29}{30}$ $\frac{40}{50}$, & ainſi du reſte.

Regle pour tirer une fraction d'une fraction.

DIFINITION XIII.

IE veux tirer $\frac{3}{4}$ de $\frac{3}{4}$, c'eſt à dire que d'un entier il ſe prend $\frac{3}{4}$, de ſes $\frac{3}{4}$ il faut briſer la premiere fraction, ainſi $\frac{3}{4}$ $\frac{3}{4}$, & multiplier les numerateurs l'un par l'autre, & retenir le produit pour numerateur, & faut auſſi multiplier ſes denominateurs l'un par l'autre, comme $\frac{3}{4}$ $\frac{3}{4}$, & dire 3 fois 3 ſont 9 numerateurs, & 4 fois 4 ſont 16 denominateurs ſe trouve $\frac{9}{16}$, qui eſt $\frac{1}{2}$ & 16 valeur de $\frac{3}{4}$, de $\frac{3}{4}$, ceux qui en ſçavent plus iront plus loin, eſtimant que pour le ſervice de tous curieux cette regle ſuffit.

L'extraction de la racine quarée.

DIFINITION XIV.

IE propose d'abord à extraire la racine du Cube Geometrique, faut sçavoir que la racine de 8 est 2 quarez 4. la racine de 27 est 3 quarez 9. la racine 64 est 4 quarez 16. la racine 125 est 5 quarez 25. la racine de 216 est 6 quarez 36. la racine de 343 est 7 quarez 49. racine de 512 est 8 quarez 64. racine de 729 est 9 quarez 81. racine de 1000 est 10 quarez 100.

Pour l'usage de cette extraction quand on sçait extraire les nombres dit cy-dessus, on peut tirer la racine de tout nombre proposé, observant que de 3 en 3 chiffres ou figure on tire la racine desdites figures, & on adjouste le produit de toutes les racines qui forme la racine totalle que l'on cherche.

Elle se fait encore par la regle de 3. observant seulement que les figures qui viennent au quotien ne se nombre que en leur valeur simple, comme 4 & 5 ſon 9. ainſi du reſte, que je traitteray Dieu aidant, à fond de cette regle en mon Traitté de Topographie où elle eſt neceſſaire.

Regle d'Algebre.

DIFINITION XV.

L'Algebre eſt la ſcience curieuſe des Sçavans, & ſpecialement d'un General d'Armée ou Capitaine, pour promptement ranger une Armée en bataille, & nombre de Mouſquetaires & Piquiers qui compoſent les bataillons d'icelle, outre les figures de l'Arithmetique, cette ſcience a 5 figures particulieres en cette ſorte, P. ſignifie plus au commerce, & à l'Armée Piquiers, M. ſignifie moins, & Mouſquetaire en l'Art des bataillons, R. ſignifie racine en la meſure du Cube, & en l'Armée rang, Q. ſignifie quaré en l'un & l'autre uſage, C. ſignifie cube en la meſure, & Cavallerie en la compoſition des bataillons & eſcadrons. Quant à l'operation de cette Science, c'eſt d'aditionner un plus d'avec plus, la somme sera plus & moins d'avec plus, on soustrait le moindre du plus, & le reste est la somme requise ou nombre trouvé, je dis seulement cecy en passant pour ceux qui n'en sçavent rien du tout. Concluant pour fin de cette Geometrie Françoise & Clef d'Arithmetique, que tout ce qu'on en peut dire d'avantage est plustost amplification qu'essenciel, veu que pour le service il suffit de pratiquer ce qui est contenu en ce Traitté.

A. M. D. G.

FIN.

AV LECTEVR.

OVS le regne d'alexandre le Grand, s'éleva un des sçavans Hommes de l'Asie, tel que tous les Siecles precedens n'avoient iamais produit un semblable ; en telle sorte que ce puissant genie, quoy qu'il fut infiniment sçavant ; neantmoins sa reputation n'avoit encore point annoncé à ce grand Conquerant, le sçavoir d'un tel personnage.

LVY comme indigné d'avoir passé la meilleure part de sa vie, sans que la fortune favorable aux uns, & marâtre aux autres, luy eust presenté l'estime ou les bonnes graces de quelque Courtizant de l'Empereur ; il se resolut dis-je, de projeter un dessein, dont la pensée fust aussi surprenante que l'execution impossible. Outre son dessein il voulut prendre une forme d'habit aussi farouche, que sa seule veuë & son aspect donnassent de l'estonnement & curiosité pour le voir.

COMME cet Homme estoit universel en toute Science, aussi ne doutoit-il point des Poëtes, specialement Homere & Hesiode, où ayant apris que Hercule ayant dompté le Lion de Nemée, qui ravageoit toute la libie. L'ayant occis il le dépoüilla de sa peau, & s'en vétit, armé de la mesme massuë avec laquelle il avoit terrassé ce monstre : De telle sorte que pour perpetuer cette signalée victoire, il voulut porter cette peau en ses plus grandes entreprises.

C'EST le fameux Sciatcicrates, qui imitateur d'Hercule, voulut prendre cette espece de forme nouvelle, se arma d'une massuë, & vétu d'une peau de Lion passa au taavers les Gardes & Courtisans d'Alexandre pour se montrer en certe forme à ce Conquerant. Il n'eut pas grand peine d'avoir audience de ce Monarque, qui attiré comme le reste de sa Cour par l'étonnement & la curiosité de voir un tel personnage, ne le fut pas moins de son strategeme, que du notable dessein qu'il luy presenta à mesme temps.

LE dessein estoit tel, que l'ordonnance d'iceluy estoit de former le Mont Atthos en la figure & statuë d'Alexandre d'une lieuë & demie de hauteur, & de tenir en chacune de ses mains; en l'une une Ville pour la demeure de dix mille Hommes, en l'autre un reservoir ou respectacle des eaux du somet de ladite montagne.

CE dessein d'abord frapa les yeux de ce Conquerrant, & passa comme un prodige; mais la prudance d'Alexandre ayant preveu que pour tenir dix mille Hommes en la Ville, située en la main de cette statuë, que le dessein & projet estoit incomparable; mais que la principalle & essentielle chose manquoit à cette Ville, qui estoit quelque campagne pour produire des bleds, pour norrir les Habitans; ce que n'estant point. Le projet en fut estimé merveilleux, &

l'execution impossible.

IL n'en est pas ainsi Lecteur, du dessein que je propose en cette Quadracture, l'execution par la preuve en suit l'effet. Les Siecles passez ont cherché cette merveille, & ne l'ont pû découvrir. Le Ciel par sa Providence en ayant reservé la seule & infaillible connoissance à l'Auteur d'icelle.

ET afin que cette verité soit plus connuë & mieux entenduë à tous. J'a-verty que sous le mot de Quadrature est compris & entendu tout ce qui se peut dire entendre & penser, tant de la connoissance generale que particuliere de toutes les Sciences Mathematiques, specialement en la Geometrie, & que ce secret Geometrique est non seulement curieux, mais de la derniere importance, en l'uzage de la Navigation, & en toute mesure des Corps ronds & berlons, creux, convexe & concave, ainsi que je feray voir en son lieu; puis que par son moyen, elle me donne les lumieres necessaires pour la longitude inconnuë à toutes les Nations : Et comme j'en ay fait des épreuves toute particuliere sur la Mer, sous les Ordres de feu Monseigneur l'Amiral Duc de Beaufort pendant dix ans, lesquelles j'ay reservées à mettre au jour jusques à present, ausquelles je donneray une lumiere particuliere, Dieu aidant, par la connoissance generale du bas & pleine Mer, en tous les Ports, Havres, Golfes, Bayes, Radescaps, & positivement à l'heure que est ladite pleine Mer en toutes les Mers universellement sujettes à flus & reflus, & toutes les dépendances de la bonne & sure navigation.

POUR rentrer à nostre sujet, j'averty d'abondant le Lecteur, qu'il n'entre point à examiner cette proposition generalle de la Quadrature du Cercle, que prealablement il ne soit instruit des difinitions & Theoremes Geometriques, attendu qu'il n'y perdroit que ses pas, soins, attaches & veilles. Pour cet effet Il doit se faire instruire; mais pour peu de lumiere qu'il aye en ladite Geometrie, il en viendra facilement about par l'aide des Problémes intelligibles qui composent cette quadrature.

J'AY aussi estimé, qu'une telle pratique si necessaire à la societé civile des Hommes, pour avoir quelque regle fixe

& asſurée en la meſure des Cercles, ſoit tant en ſuperficie, que en ſphere ronde; I'ay eſtimé, dis-je, qu'une telle Science ne devoit demeurer enſevelie ny en oubly, & que ſouhaitant eſtre utile & profitable à la poſterité; j'ay bien voulu produire au jour ce Traité, accompagné de ſa mere qui l'a enfanté ſous l'exercice manuelle & pratique de la regle & du compas, paroiſſent en lumiere ſous le titre de la Geometrie Françoiſe; c'eſt à dire, que comme Euclide a eſté Geometre Grec, qu'il faut eſtre Grec abſolument pour concevoir le ſens de ſes Theoremes; & qu'ainſi nos François ne ſçachans la pluſpart cette Langue, ſpecialement le vulgaire, il m'a ſemblé bon de leur rendre mecanique & familiere chacun en ſa profeſſion. Au Juriſconſulte en ſon droict. Le Marchand en ſon commerce, ſans perdre un moment de ſon negoce, la peu concevoir. L'Artiſan ſans abandonner ſon travail la peu apprendre. Le Laboureur en labourant ſon champ, elle eſt habilée à la françoiſe, c'eſt à dire comme la Langue Françoiſe eſt entenduë generalement des grands & petits, des Nobles & Roturiers de noſtre

France, toute condition la peut facilement concevoir & apprendre.

C'EST ce que j'avois à instruire le Lecteur à l'entrée de ce Traité, les sçavans trouveront icy dequoy se satisfaire en ce qui leur a esté inconnu jusques à present, qu'il rende graces à Dieu, qui revelle quand il luy plaist les choses les plus cachées.

POUR le Lecteur vulgaire envieux, qui pour quelque peu de connoissance qu'il pourra avoir en la Geometrie, voudra icy peut-estre trancher de l'Archimede pour se faire senseur de cette Quadrature; j'ay à l'avertir que lors qu'il m'aura peu convaincre de la moindre faute touchāt cete nouvelle proposition, qu'il ne me fasse point la guerre en Renard, qu'il se declare hautement en citant les problémes où son jugement aura trouvé lieu de censure, je seray toûjours fort disposé à l'éclaircir de ses doutes, je suppose en terme de nostre Art qu'il soit accessible.

D'AILLEURS il m'importera toûjours peu de satisfaire à tous critiques qui murmurent d'abort que quelque production nouvelle vient à paroistre au jour. C'eſt le propre des moucherons diſent les Naturaliſtes de ſe remuer & tourmenter d'avantage à la clarté de la lumiere, que en l'obſcurité des tenebres. Pour concluſion de cet Avis, je renvoye à ſa ſource cette lumiere inacceſſible à tous les Siecles paſſez, qui par une grace ſpeciale du divin moteur d'icelle s'eſt renduë acceſſible à ſon ſerviteur, & que ce Traité ſoit à ſa plus grande gloire, ainſi que du reſtant des autres productions de ſa tres abjette creature, qui pour tout fruit ne ſe promet autre recompenſe que ſon celeſte amour & crainte, à laquelle Lecteur je t'exhorte à avoir inceſſamment devant les yeux. Adieu.

TABLE DES PROBLEMES,

Et matiere contenuë en ce Traité de Quadrature du Cercle, tant en superficie plane, que cubique & solide.

THEOREME en forme de Preface, traittant de la Quadrature du Cercle, inconnüe aux anciens & à tous les Siecles passez, & heureusement découverte par l'Auteur du present Traité.

PROBLEME I. traittant de l'ordre que on doit garder en cette proposition generalle de quadrature, & pourquoy l'ordre des Problemes, la raison & definitiou du terme Problematique.

PROBLEME II. traittant de la connoissance qu'il faut avoir de la Geometrie & specialement de ses figures & definitions

LA QUADRACTURE *du Cercle ou le parfait de la Geometrie, inconnu aux anciens & à tous les Siecles passez, & heureusement découverte par l'Auteur du present Traité.*

PROLOGUE DE L'AUTEUR SUR LA Quadrature du Cercle.

Theoreme ou Preface dudit Traité.

LES Sciences dans leurs origines ont toûjours regardé pour leur fin derniere la perfection de leurs productions, comme la recompense la plus noble de leurs effets.

DE là vient que la Poritichenie ou Art du feu a toûjours embrasé le cœur de ses Disciples á rechercher dans sa perfection le souverain degré de son Art, par la recherche curieuse de la pierre surnōmée de toute cette Cequelle Pierre Philosophale; laquelle à la verité si nous en croyons la meilleure part de ses observateurs, la pluspart, dis-je, ont atteint à ce souverain degré de perfection, dont nous est témoin Hermes, Mercure, Trimegiste, un Arthepuis, Raymond Lule, Jean le Muns, dit de la Fontaine, Antoine Bargadino, Venitien, & dans nostre France un Nicolas Flamel, selon les remarques que nous pouvons faire par leurs écrits, qui à la verité passent dans l'estime du Siecle plûtost pour des fables, que pour des veritez, de cela je m'en rapporte, n'estans alleguez icy que en forme de paradoxe pour servir d'ombre au jour de nostre verité, & pour venir á nostre sujet.

JE diray que si ces Auteurs sus-alleguez ont atteint au souverain degré de leur science, une chose seule me surprend, que de tous les grands Hommes

& ſçavans Philoſophes qui ont recherché le parfait de la Geometrie, qu'ils ayent, dis-je, employé ſi vainement leurs ſoins & veilles à chercher ce qu'ils n'ont jamais pû rencontrer.

A la verité, quelques-uns des plus paſſionnez à la recherche de la Quadrature du Cercle en ont traité, mais fort obſcurement; & nous pouvons dire qu'il n'en ont écrit que par éronie & par geroglifique, & que les plus verſez en leur caballe, aprés avoir bien examiné le ſens de leurs Problemes ſur ce ſujet, ils n'ont rien profité au public qu'une painible & obſtinée recherche inutile.

ARCHIMEDES de Siraguſſe a conſommé la plus grande partie de ſon âge pour laiſſer à la poſterité cette noble marque de ſon ſçavoir; & ſi nous en croyons l'Auteur de ſa vie, il fut aſſaſſiné au ſacq de Siraguſſe en cherchant dans ſon cabinet cette noble propoſition & perfection Geometrique.

EUCLIDES de Megare, quoy que le plus puiſſant genie de ſon temps, & qui aſſurement a le plus travaillé à illuſtrer la Geometrie chez les Grecs de tout ſes quinze Elemens Geometriques, qui ont esté l'objet general de la dispute de ses traducteurs, pas un, dis-je, n'a approché ny touché à la moindre partie de la Quadrature du Cercle.

ARISTOTE seul entre les Philosophes Academiques a exhorté les sçavans de son temps à la recherche de cette perfection Geometrique, & luy-mesme a cherché à la trouver, soûtenant à ses Disciples que la Quadrature du Cercle se pouvoit trouver, ainsi que luy-mesme en a écrit.

UN Geometre nommé Bravardin en a fait un Traité sous les regnes des Rois de France, Charles Sept, & Louïs XI. Mais le pauvre Homme s'est trouvé si éloigné de son compte, que selon son Traité & sa proposition, il faloit que la corde de son arc fust aussi grande que l'arc mesme; ce qui est absurd & impossible, choquant le sens & la raison: Car tout le Monde sçait sans estre Geometre, que l'arc est plus long que la corde, quelque petit qu'il soit.

UN illustre Cardinal nommé Nicolas de Cuza l'a bien trouvé de son temps, non par preuve ny raison Geometrique, mais par figures particulieres à luy seulement

ment connuës, ou soit que ce Prelat aye voulu se satisfaire sur cette merveille, ou qu'il soit mort avant que la produire au jour; tellement qu'elle est demeurée ensevelie avec ses cendres sans passer jusques à nous.

C'EST icy Lecteur où je rends mille graces à la source des Sciences, & au Souverain dispensateur d'icelles, qui aprés une recherche si exacte & particuliere que j'ay faite depuis douze ans pendant mes emplois de la Mer, sa Divine Providence a satisfait à ma curiosité; aussi est-ce la seule figure la plus convenable à sa Divinité, & le vray geroglifique de sa superieure grandeur; parce qu'en cette figure le contenu est trouvé dans le contenant, & le contenant renfermé dans le contenu.

C'EST ce que je pretend palpablement & reellement faire voir & faire toucher au doigt & à l'œil, & rendre témoignage de cette autentique verité par la preuve physique & reelle de cette proposition. Je sçay que les médisans auront icy jour & lieu de critiquer sur cette proposition, en ce que elle leur semblera aussi surprenante que le sujet nouveau.

MAIS j'ay à prier ces Messieurs, que s'ils sont ignorans de la Geometrie, devant que juger & blamer cette production nouvelle, qu'ils s'en fassent instruire, & ensuite qu'ils examinent cette proposition, je suis persuadé qu'à moins qu'ils ne soient dans la derniere malice, qu'ils changeront bien tost de sentimens.

POUR les sçavans & amateurs de la seule vertu, qui sont Grecs en la Geometrie, auront icy dequoy se satisfaire, en rendant justice à la verité, je ne faits aucun doute, qu'aprés l'examen que leur solide jugement aura fait de cette proposition de la presente Quadrature, qu'ils n'approuvent ce que la force de la Science sur ce sujet les obligera de faire sans violance, & que confirmant la susdite proposition par sa preuve, qui est la pierre de touche de cette Science, ainsi que la pierre de touche est l'épreuve de l'or; je ne m'en puis promettre que un tres heureux succés, & une estime glorieuse en leur digne memoire.

POUR conclure cette Preface & Avant-propos de ce Traité, je donne avis, qu'outre que j'enseigneray par les

Problémes ſuivans à quadrer une ligne circulaire en ſon quaré parfait, ſujet de noſtre propoſition generalle, j'enſeigneray à prouver cette propoſition, à reduire une ligne droite en ſon quaré parfait, & ledit quaré parfait le reduire en ſa circonference juſte par ſa preuve de reduction en ſa mesme ligne droite, le tout par l'uſage du compas, ainſi qu'il ſera monſtré plus clairement en la ſuite de ce Traité.

LES Lecteurs ſçauront auſſi, qu'outre la quadrature d'une circonference ou cercle en ſuperficie platte, j'enſeigneray à quadrer la Sphere convexe, en telle ſorte que par cette regle merveilleuſe, nous pourrons quadrer tous orbes, ſphere celeſte & terreſtre pour connoiſtre au juſte leur contenu, ſoit par degré, minute, lieux, toiſez, & les reduire en l'uſage univerſel des meſures uſitées par les Geometres, & à l'uſage de la Geometrie, ce qui eſt de la derniere conſequence, & qui doit eſtre entendu de tous les Eſtats, degrez de conditions, tant ſçavans que vulgaires, & ſpecialement des contemplatifs qui travaillent en l'Aſtrologie judiciaire & ſpeculative, & à tous amateurs de la vertu & Science des Mathematiques.

CE Traité de Quadrature ſera ſeulement compris ſous quinze Problémes, & tout le trait de ladite Quadrature ſera dans une planche ſeule, où la demonſtration & la preuve de ladite Quadrature ſe peut examiner, le tout en ordre & par renvoy alphabetique pour les ſçavans & pour le vulgaire, ceux qui en feront curieux ſe les feront expliquer par l'Auteur.

L'INTENTION duquel eſt de faire comprendre tous ſes ouvrages par la pratique des mecaniques, afin d'eſtre entenduë & facilement compriſe tant des ſçavans que des vulgaires.

PROBLEME PREMIER.

De l'ordre qui ſe doit garder en cette propoſition de la Quadracture du Cercle, traitée par Probleme, pourquoy & à quel ſujet.

L'VSAGE rheorique & pratique des Sciences, quelque ſublime ou mecanique ſujet qu'elle aye traitté, les Auteurs qui les ont expoſez & produits au iour ont toûiours gardé & obſervé un ordre, par lequel les Lecteurs peuvent ſe regler en la lecture des Livres qui leurs ſont propoſez.

AINSI les Philoſophes obſervent inviolablement dans leur Compendion l'ordre des Paragraphes qui les compoſent, chaque Auteur ayant ſa metode particuliere pour donner le ſens & l'entrée en leurs ouvrages, ayant cela de ſingulier entre-eux, que chacun garde l'ordre qui leur ſemble plus convenable à leurs ſujets, & plus avantageux à leurs diſcours pour la conduite de leurs Diſciples ou Lecteurs.

LES Oeuvres Saintes ont eſté traittées par pluſieurs en ordre differents, les uns ont gardé l'ordre des Chapitres, qui eſt la grande maxime generale, les autres ont diviſé leurs traitez en queſtions & ſextions, comme les ſacrez Concils en Canons, les Auteurs Juriſconſultes ont traité leurs queſtions de droict par periode, les Auteurs profanes ont gardé d'autres meſures, & ont traité fort diverſement & en diverſes manieres, les uns par propoſitions, les autres par definitions, comme les Geometres, & ſpeciallement Euclide a traité ſes ouvrages en trois genres d'ordre, en Elemens, en propoſitions, & par Theoremes : Mais comme nous pouvons dire de luy ce que Platon diſoit de certains Philoſophes de ſon temps, que *multos ſcripſit non probata* ; ainſi pouvons nous dire ſans ſortir de nostre theze que cet Auteur a gardé divers ordres en ses ouvrages, & a beaucoup écrit & rien prouvé.

ET comme la proposition par nous avancée git en terme de Jurisconsulte ou de droict en faict & en preuve, pour garder l'ordre de la susdite preuve, j'ay bien voulu employer icy un ordre qui fut convenable au sujet, qui tenant lieu de Chapitre, sera entendu sous le nom de Probleme, qui derive du Grec, signifie en Latin *probo*, & en François vaut autant dire preuve ou prouver.

EN effet ayant à traiter de ce sujet aussi extraordinaire, que la question a esté par tout les Siecles passez agitée, proposée, & non prouvée. C'est en cette matiere dis-je, où la preuve doit aussitost fraper le sens du Lecteur, que l'objet proposé. C'est pourquoy il suffira d'avoir declaré en ce premier Probléme nostre intention, qui servira en la suite de ce petit Traité d'instruction au Lecteur, & à mesme temps luy expliquer le mot & terme de Probleme par son usage & application; afin que s'il venoit à dire, pourquoy a-t-on plûtôt mis Probléme que Chapitre, qu'il sçache dis-je, que c'eſt pour la convenance du ſujet en queſtion propoſé, qui eſt de prouver noſtre propoſition de la Quadrature du Cercle.

PROBLEME II.

De la connoiſſance qu'il faut avoir de la Geometrie, & ſpecialement de ſes figures & definitions.

EN vain le Medecin propoſeroit la gueriſon à ſon malade, ſi le malade n'avoit la diſpoſition de ſuivre ſes Ordonnances. En vain & pour neant on propoſeroit à un Homme de prendre le bonnet de Docteur & ſe faire Bachelier, ſi prealablement cet Homme n'avoit la vertu & la ſcience requiſe. Auſſi ne donne-on point aux enfans naiſſans la norriture ſolide, que prealablement il n'aye ſuccé le lait.

CETTE metaphore eſt pour avertir les Lecteurs, que l'intention de l'Auteur n'eſt pas de propoſer cette propoſition aux malades des Sciences, c'eſt à dire aux Eſcoliers qui ont quelque commancement de Geometrie, ſoit comme ceux qui s'eſtans adonnez à l'Arithmetique en leurs jeunes âges, & quand ils ſont en l'âge viril, ils n'en ſçavent plus rien, faute de s'eſtre exercez en leur premiere regle.

AINSI ceux qui par curioſité ont quelquefois en leur jeuneſſe jetté les yeux ſur quelque livre de Geometrie, ne doive pas ſe preſumer pouvoir attein-dre à la comprehenſion de noſtre Qua-drature, ce ſont gens infirmes en ce genre de ſçavoir, ils ont beſoin de con-ſulter quelque veritable Medecin, qui par ſes Ordonnances leur donne la ſanté de la vertu avec le regime de vivre, c'eſt à dire les alimens de cette Science, dont le fait eſt les definitions Geometriques, qui ſont comme le fondement de cette baze des Mathematiques.

CECY doit ſuffire pour faire voir & entendre qu'il faut eſtre veritable & ſçavant Geometre, non que toutesfois ſans longue experience. On peut faire cette operation avec facilité, pourveu que eux qui n'ont point de Geometrie ſe faſſe inſtruire des premiers principes par l'Auteur, & dont ils peuvent s'inſtruire eux-meſmes par le Traité particulier & familier, intelligible à toutes conditions, que l'Auteur a fait ſous le titre de la Geometrie Françoiſe, qui ſe diſtribuë chez luy.

JE preſuppoſe donc que le Curieux Lecteur ſoit inſtruit comme il a eſté dit cy-deſſus, & ſpecialement des definitions Geometriques, attendu que les lignes & poincts compris en noſtre Quadrature de Cercle roule en partie ſur leſdites definitions; ce qu'eſtant, il eſt aiſé de juger de la neceſſité qui eſt impoſée de les ſçavoir. Ce qu'eſtant vray comme il eſt propoſé, je commenceray à traiter au Probleme ſuivant de la premiere demonſtration & figure de ladite Quadrature.

AVERTISSANT auſſi que les demonſtrations ſeront compriſes en une planche taille-douce, avec les Lettres Alphabetiques de renvoy; en l'une ſera la demonſtration d'une ligne circulaire ou cercle, reduite en ſon quaré parfait. Cette ligne circulaire propoſée, reduite en ligne droite par le trait du compas, qui ſera la preuve de la ligne circulaire, en ce qu'elle ſe rencontre égalle à ſa grandeur, & derechef cette ligne droite reduite en quaré parfait égal au premier, & ledit quaré reduit en son Cercle, prouvant l'un par l'autre, le cercle par le quaré, & le quaré par le cercle, comme plus intelligiblement. Les Sçavans pourront examiner & prouver eux-mesmes madite proposition de Quadrature du Cercle par ma preuve mesme, qui est la pierre de touche de cette perfection Geometrique, la recherche de tous les Siecles, la merveille de cette Science, & la joye de tout les veritables sçavans.

PROBLEME III.

De plusieurs Auteurs de la Geometrie, specialement des Interpretes d'Euclides, qui ont ignoré la Quadrature du Cercle.

EUCLIDES au troisiéme de ses Elemens a fait trente-sept propositions & divisions du Cercle; mais pas une n'a terminé à quadrer une Circonference donné par son mesme Cercle, ce qui me surprend extremement par la recherche

& obſervation qu'il a faite jusques au moindre poinct, ligne & trait du Cercle ſusdit, ayant fait ſon troiſiéme livre ſur ce ſeul ſujet, & une partie de ſon quatriéme.

Enquoy nous voyons viſiblement qu'il n'en a pas mesme parlé un mot dans toutes ſes œuvres, marque qu'il là abſolument ignoré, & luy a du tout eſté inconnuë.

UNE autre choſe me ſurprend, que ces Interprettes, comme Clavius, Commadin, Dunot, Forcadel, Hanrion & Mardel; pas un dis-je, de ſes Interpretes & Commentateurs n'en ont pas traité ny commanté un mot, quoy qu'ils ayent poſſedé la matiere pour la former, & tout ce qui s'en peut dire ſur ce ſujet.

Tous ces Meſſieurs ont eſté neantmoins gens ſçavans, qui ont beaucoup écrit, & qui n'ont ce ſemble rien obmis à la perfection de leurs ouvrages, neantmoins ſans bleſſer le reſpect que je porte à leurs memoires, je peux dire qu'ils ont negligé le principal pour s'attacher à l'acceſſoire.

LA poge de la Geometrie eſt la Quadrature du Cercle, couronné de ſa perfection, tous ces grands Hommes ont beaucoup travaillé pour estre peu profitable, & je peux dire avec le Sage, que la plûpart de leurs œuvres n'est que affliction de la chair : Et en effet n'est-ce pas mettre les esprits à la torture & à la gene, que d'avoir fait des volumes entiers sur le sujet d'un poinct & d'une ligne, ainsi que nous voyons par les Oeuvres de ces Messieurs les Interprettes dénommez, & que selon leur dogme, il faudroit passer la meilleure part de sa vie à apprendre les moindres difinitions, qui au bout de toute leur lecture porte en la memoire du Lecteur la seule peine de n'avoir rien peu concevoir par le trop grand embarras de leurs renvois de H à I. de O à N. de K à Q. Et en effet les Lecteurs sont la pluspart du temps à Q, en ce qu'ils ne sçavent où ils en sont, quand ils veulent observer de prés ces écrits embarassez.

PROBLEME IV.

De la regle, pratique de cette Quadrature, & la maniere qu'elle se doit observer.

QUAND je propose la pratique de la Quadrature du Cercle, je

pose en faict qu'il faut establir un fondement devant que bâtir son édifice.

JE dis donc, que pour bien entendre cette pratique & veritable metode de bien quadrer une Circonference ou ligne Circulaire, qu'on doit operer en cette sorte : Sçavoir, s'il s'agissoit par exemple de connoistre le quaré de la superficie ronde, platte ou convexe de quelque objet que ce soit, soit de la sphere terrestre ou celeste du Cercle, ou Diamettre Circulaire d'un puits, d'un tonneau, d'une rouë, & generalement tout autre sujet circulaire ou spherique. La regle premiere, dis-je, sous-entenduë en ce present Traité, est de sçavoir faire la distinction des susdits objets ou sujets circulaires à quadrer, dont nous en observons de trois especes, ou de trois diverses formes ou qualitez.

PREMIEREMENT il y a les superficies circulaires planes & plattes entr'elle, qui n'ont hauteur ny épaisseur connuë que simple.

SECONDEMENT, il y a les Cercles sphere ronde, que nous nommons du terme Grec convexe ou ronde en tout sens.

IL y a pour troisiéme raison les superficies concaves ou creuses, comme la sphere celeste, le creux des valées, tout cela se nomme du terme des superficies concaves, le dedans des boules, ou le creux d'icelle sont les superficies concaves, & tout ce qui se trouve en superficie circulaire, est generalement compris sous les trois especes sus declarées.

AYANT donc declaré la regle qu'on doit observer en la remarque des superficies circulaires, nous traiterons maintenant en ce Probléme suivant de la maniere qu'on doit quadrer les susdites superficies dites cydessus, ainsi que lesdits quarez, les resoudre en Cercle, & lesdits Cercles les resoudre en leur quaré parfait, ainsi que plus au long sera demonstré dans les demonstrations de la planche, où sont figurée les operations susdites.

Quant à la maniere d'extraire un $\frac{1}{2}$ $\frac{1}{3}$ $\frac{1}{4}$ $\frac{1}{5}$ $\frac{1}{6}$ $\frac{1}{7}$ $\frac{1}{8}$ $\frac{1}{9}$ $\frac{1}{10}$ $\frac{1}{20}$ $\frac{1}{30}$ $\frac{2}{20}$ $\frac{3}{30}$ ou partie de raiene à quaré, j'en ay fait plusieurs operations en ma clef d'Arithmetique au Traité de ma Geometrie Françoise.

PROBLEME V.

De la premiere Quadrature du demy Cercle, & son operation Geometrique.

CETTE premiere Quadrature est traitée en ce present Probléme pour quadrer une ligne courbe ou demy Diametre d'un Cercle, ou une demie Circonference; j'entre en matiere & je dis & propose ledit demy Cercle à le reduire en demy quaré parfait.

Operation premiere.

Soit le demy Cercle proposé & marqué en sa planche de demonstration A B C D E F O, le centre dudit semy cercle proposé marqué B. en son semy Diametre A B. je tire dudit centre marqué B. une perpendiculaire punetée jusques à A. laquelle perpendiculaire est divisée en quatre parties, à prendre depuis B. jusqu'à A. centre ou point du demi Cercle, qui entrecoupe ladite perpendiculaire & or du point du semy Diametre, je

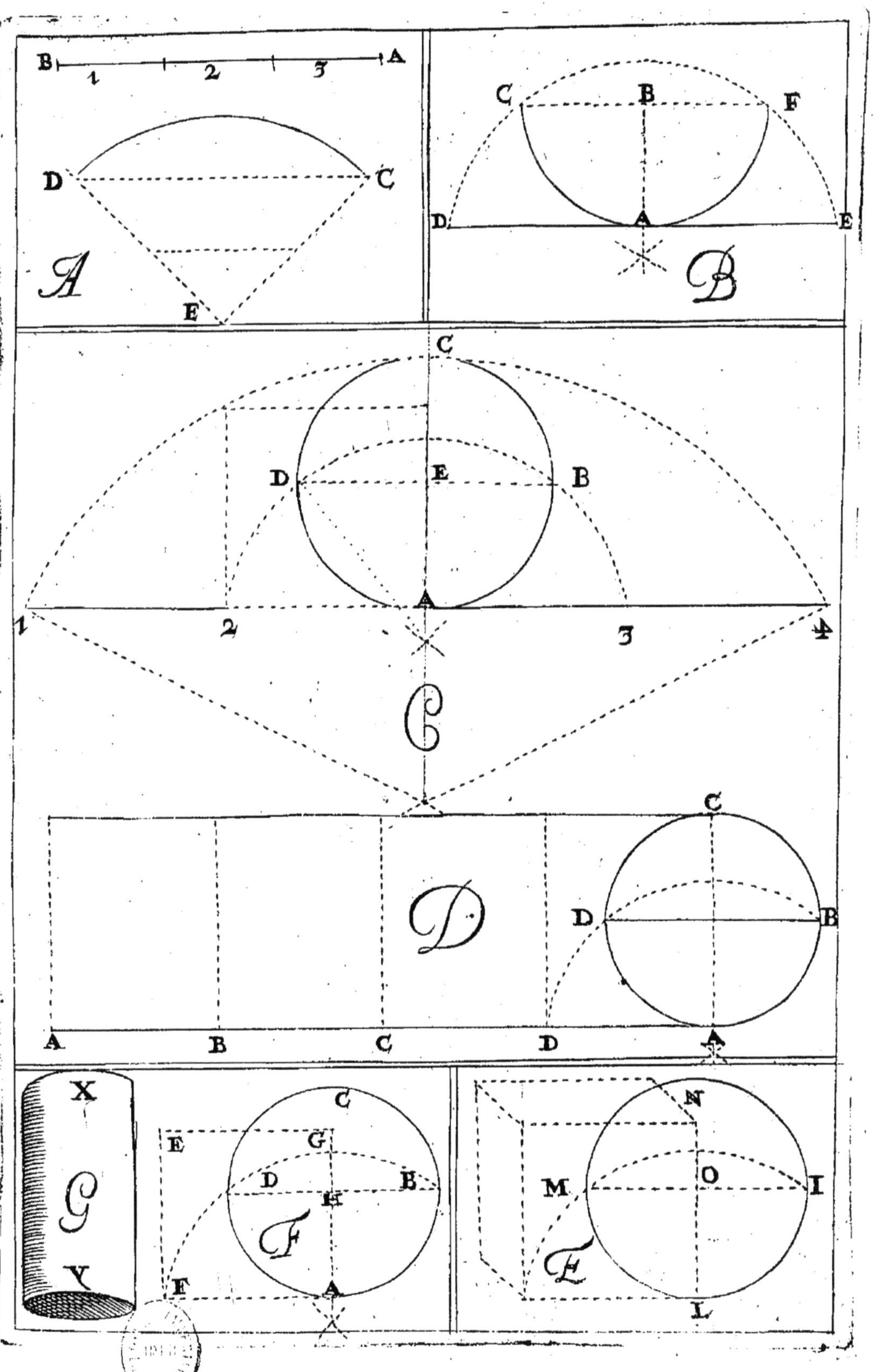

B 1 2 3 A
D C
E
A
C B F
D A E
B
C
D E B
1 2 3 4
C
C
D B
A B C D A
D
X
G
V
C
E G
D B
H
F
F A
N
M O I
E
L

je plolonge la perpendiculaire B A. or du ſegment donne d'un quatriéme de B A. qui fait en tout cinq parties, leſquelles bornes la ſuſdite prependiculaire de B. en A. juſqu'au point croiſé figuré d'une X punctée, apres quoy ſous le demy Cercle donné je inſcrip. une ligne droite D E. parallelle à la ligne droite C F. du demy Cercle ſuſdit, enſuite de ce, je m'eſt ma pointe de compas ſur le point croiſé ou d'interſection, & ouvrant mon compas de l'autre jambe d'iceluy je la porte ſur l'extremité de la ligne C. ou F. & deſcrip. le demy Cercle puncte D C F E. lequel borne la ligne droite D A E, je dis & poſe en fait affirmativement, que les quards de Cercles ou ſegmens AC. ou AF. lignes courbez viendront égaux à AD. rectiligne & reciproquement AF. courbe ligne viendra égal à A E. ligne droite, d'où il s'enſuit par raiſon d'égalité ou proportion que DAE. ligne droite à touchant le demy Cercle donne, ſera inconteſtablement égale à A C F. demy Cercle propoſé a convertir en ligne droite, & que D A. ſeroit A C. ce que A E. eſt à F. demy Cercle donne

& par consequant DA. sera costé droit ou rasine de AC. courbe ligne, ainsi de mesme de AE. rectiligne à AF. courbe ligne segmens alterne du demy Cercle proposé.

PROBLEME II.

De la preuve de cette premiere operation de Quadrature.

LES sçavans de l'antiquité ainsi que nos modernes, ont tous universellement estimé que la juste proportion des Cercles estoit celle de 7. à 22. en suivent plûtost la tradition que la veritable opinion du docte Archimede, qui en cherchoit la raison par le traict du compas, ainsi que nous l'enseigne l'Historien de sa vie, attendu que en Geometrie les supositions & propositions sans leur preuve de raison proportionnelle ne sont point receu, ainsi la raison de sept à vingt deux tiré plûtost du paradoxe ou argument sophiste que du Geomestre, d'où on doit conclure que n'ayant point de claire demonstration par le trait, que la susdite supposition

Plutarque en la vie de Marsellus.

Bravardin, Scaliger en leurs traitez Cyclometriques non point d'autres raisons eſt abſolument fauſſe, & que la noſtre eſt inconteſtable, ainſi que nous l'allons faire voir d'abondans par la reduction d'un Cercle entier, reduit en ligne droite, pour en avoir les juſtes tacines ou coſtez quarez connus.

que celles de 7. à 22. Henrion en ſon traité du toizé familier.

Operation ſeconde.

Pour trouver la veritable meſure des Cercles, & en avoir les juſtes racines ou coſtez connus par la pratique de nôtre traict Geometiques; il faut comencer par la Mecanique de ſa demonſtration Phiſique, c'eſt-à-dire réelle par la pratique du compas, attendu que s'eſt la veritable difinition de Quadrature que la trouver par le traict, & ceux qui ſe la figure autrement, c'eſt plûtoſt un chimere qu'une realitée; ainſi diſons nous en la pratique ou ſcience des triangles, que tous coſtez inconnus, nous ſont connu par un coſté ſeule, & que par conſequant les proportions les plus grandes ſont connuës par les moindres, puiſque ſelon la dix-ſeptiéme propo. livre 5. du Pere Euclide, ſi les grandeurs compoſée, ſont proportionnelles icelle eſtant divisée seront aussi proportionnelle.

Soit proposé un Cercle entier donné à quadrer ou reduire en son quarré parfait, contenant tel Diametre que on voudra comme le Cercle figuré en la planche dutraict de nostre presente quadrature costé A B C D E, en seconde operation soit inscrit à touchant iceluy Cercle une ligne droite commensurable a discretion marquée par 1234, soit ledit Cercle divise diametrallement par la prependiculaire C E A. & par la ligne droite puncté D E B, & que CEA. dite prependiculaire soit divisé en dix parties égales entr'elles, (je adjoûte d'observer que le diamettre susdit C E A. & est contenu de huit desdites parties) & deux d'icelle prolongée jusqu'au point d'intersection figure en forme de croix punctée sous A. Or le Cercle sus proposé, & sur iceluy point d'intersection, je pose la premiere pointe de mon compas comme nous avons enseigné en la quadrature du demy Cercle ouvrant iceluy, je porte l'autre pointe sur D. ou B. & inscrip le demy Cercle puncte cotte 2. DB. 3. lequel descendant sur 2. & 3. me reduit en ligne droite la moitié de mon

Cercle , & pour avoir la reduction entiere dudit Cercle je ouvre mon compas au lieu de D. ou B. & porte icelle pointe ſur C. extremité du Cercle, en ayant double reciproquement depuis ledit point d'interſection , croiſe au deſſous C, en caractere Italien, les ſemblables parties qu'il y a depuis iceluy juſqu'en E centre dudit Cercle en queſtion, qui donne le ſecond point d'interſection ſous C. Italien , en lequel je poſe ma premiere pointe de compas, & porte l'autre d'iceluy comme dit a eſté ſur C. au deſſus E. extremité du Cercle, & inſcrit le grand demy Cercle punĉte marque 1 C 4. & qui par conſequant borne les extremitex de la ligne droite 1234, je dis que le ſegment ADC. courbe ligne que inconteſtablement A. deſcenderoit ſur A 2 rectiligne, & que reciproquement DC. courbe ligne dudit ſegment tomberont ſur 2 & 1 parfaitement égale à la ligne courbe ſuſdite ADC , & par conſequent AD. ſegment quard de Cercle ſera à 2 ligne droite, ce que AB eſt à 3 ligne droite, le probleme ſuivant en donne une claire demonſtration qui ne peut ſouffrir aucune difficulté.

PROBLEME III.

De reduire les quatres quards d'un Cercle en ligne droite & en former un juste parallelograme.

LA claire demonstration de ce present probleme, est la preuve confirmative de nostre presente quadrature autant intelligible de soy, que sans difficulté incontestable par sa pratique dont l'operation suivante fait foy.

Operation troisiéme.

Soit proposé un ciclomettre ou cercle de tel diametre qu'on voudra, comme celuy figuré en nostre planche, de traict de nostre-dite quadrature, cotte D. iceluy soit A B C D, apres avoir observé la division de son diametre, comme nous avons cy-devant montré au premier & deuxiéme probleme, & sous iceluy cercle soit inscrit une ligne droite à touchant iceluy cercle marquée A B C D A. Je d'y que s'y le cercle en question estoit mobile, que incontestablement A D. quart de cercle, quadre, comme avons cy-devant dit, tomberoit s'en difficulté ſur D. quart de la ligne droite ABCDA. & que reciproquement C du cercle tomberoit ſur C de ladite ligne droite, ainſi B. du cercle ſur B. rectiligne, & le tour entier d'iceluy cercle ſeroit parfait lors que A du courbe ligne & terme de la rectiligne tomberoit ſur l'autre A. fin de ladite ligne droite AB CDA, d'écrivent une parallelle a icelle ligne ABCDA. Les coſtez oppoſez seront angle droits qui formeront le juſte parallelograme en queſtion, obſervent que le premier $\frac{1}{4}$ d'iceluy à ſa proportion par ſa regle de quadrature cy-devant propoſée, prouvée ſuffiſamment par ſoy-méme par le traict des premiere & seconde operation de noſtre quadrature, par ſes raiſons d'égalité ou proportions, bien plus clairement demontrée par ſa pratique de traict geometral, qu'avec toute l'éloquence & force du raiſonnement, de la plus ſubtile Theorie.

Demonſtration convainquante de l'égalité de la ligne courbe du Cyclometre avec la ligne droite dont il eſt cõparé.

PROBLEME IV.

D'un quarré donné à iceluy trouver un cercle égal à luy-mesme.

EUCLIDE au quatriéme de ses élemens proposition VIII. & IX. nous donne en partie la difinition du Probleme en question.

Operation quatrième.

Soit le quarré proposé en nostre-dite planche de traict de quadrature cotté par F. en caractere Italien, les costez d'iceluy sois, AFEG, divisez le costé d'iceluy quarré qui est marqué GHA, en sept partie ½ juste & bien égale, prenez quatre partie d'icelle qui seront AH. dont H. sera le centre, & le semy diametre de vôtre cercle posant la pointe de vostre cõpas sur H centre la prolongent sur A. vous inscrirez le cercle ABCD. qui sera incontestablement égal audit quarré, donné par la raison de proportion Geometrique, attendu que A. & G. cotté droit, du susdit quarré en question, sera à

AB. segement du cercle trouve ce que CD. est à EF. de l'autre costé oposé dudit quaré ; & par consequent ledit cercle égal au susdit quaré proposé.

Ellipse est une section conique de laquelle lax n'est pas parallel au costé opposé, ainsi étāt produite du costé de la baze d'un caré se trouve au costé opposé d'iceluy.

PROBLEME V.

Reduire une ligne courbe en ligne droite, & reciproquement une ligne droite en courbe.

PAR ce probleme, nous allons demonstrer l'application & usage de nostre quadracture avec sa pratique manuelle, pour le toizé des arcs, voûtes, callottes, dommes, cones, ellipse, parabole, l'hyperbolle avec leurs operations & pratique, & conversion des courbes lignes en lignes droites, pour en conoistre au juste leurs racines par leurs differentes operations traitées cy-apres.

Parabolle est une section de cone cōprise d'une ligne droite, & une courbe au diamettre de la baze d'iceluy.

Operation cinquiéme.

Soit proposé la ligne courbe CD. figure en nostre susdite planche de traict, cotté par A en caracterre Italien à reduire en ligne droite, comme toutes

Hyperbolle est

une sectiõ de conc compris d'une ligne courbe, & une droite ayant un ax qui n'est pas parallel au costé opposé d'icelluy.

portions de cercles, segemens, ou lignes courbes en premier lieu, mesurez en grand endroite ligne avec un cordeau, ligne ou compas, l'intervalle ou distance qu'il peut avoir entre les deux bouts de toutes lignes courbe comme nostre proposée marquée C D. figurez un angle droit prependiculaire, dont les costez sont endiagonalle soit égalle entre-elle, divisez icelles diagonalles E D ou C en deux parties inscrivez une ligne droite, comme est celle de B A. sur laquelle vous marquerez vos deux parties y adjoûtant une troisiéme ; Je dis que les susdites trois parties contenuës entre B A. seront incontestablement la ligne droite de la courbe D C. Par la raison que E D peut avoir avec C. selon la 24. proposition livre 3, du Pere Eulide qui dit si semblables proportions des cercles estans constituées sur lignes droites égalles, sont égalles entre-elles, le plus fin est de en tirer la raison par l'usage de nostre quadrature, comme nous avons enseigné en la pratique de la premiere & seconde opperation de nostre presente quadrature.

PROBLEME VI.

De cadrer toutes Spherre convexe, & concave en leur caré parfait.

NOus sommes maintenant arrivé à l'employ & usage de la quadrature, laquelle est non seulement curieuse, mais de la derniere consequence & utilité, pour trouver les iustes mesures par toise, pied, poulce, ligne, verge, cane, palme dont on se sert en la pratique des trois Architactures, navalle pour la construction des vaisseaux de mer, civille pour les bâtimens privez & publics, militaire pour le toisé des fortifications.

L'employ & usage de la quadracture du Cercle aux trois Architectures.

Operation sixième.

Soit proposé a toiser un (globle) de tel diametre que on voudra, la pratique de son toisé s'en fait en cette sorte. Premierement vous inscrivez un cercle de pareil diametre qu'est le globe en question, que nous supposons estre de 21. toises ou autre mesure cy-dessus nommé, lequel cercle vous decrivez sur vostre papier à discretion, & luy donnez un pareille nombre de mesure, comme en avez trouvé en grand, apres quoy vous çadrez ledit eercle, comme avons cy-devant enseigné apres laquelle operation de reduction de la ligne courbe du cercle en ligne droite, faut diviser icelle en quatre parties qui seront les quatre costez de vostre caré, égal à vostre cercle de 21. toises, l'un desquels est sa racine que vous mesurez à la toise du diamettre de vostredit cercle proposé de 21. toises, dont un des costez de vostre quaré sera de 17. toises, par raison de pratique de nostre presente quadrature, dont nous avons cy-devant demontré par sa preve, son infabilité, attendu que le tout roulle sur la reduction, des lignes courbes, à reduire en ligne droite; En la pratique desquelles faut toûjours faire un eéchelle de reduit où vous mesurrez la longeur des lignes susdites du grand au petit les devisent en $\frac{1}{4}$ l'un desquels est la racine de son caré, & pour trouver le cube du globe en question; il ne faut que multiplier caré par caré, vient le cube du globe, ſolide par ſolide vient le ſur ſolide : Cette pratique eſt generalle pour le toiſé de la maſſon & charpente, cintres, plains & ſurbaiſſez, domes, voultes, calottes, deſſentes baiſe, cul de four, dabondant expliquez au probleſme ſuivant.

PROBLEME VII.

La Quadrature des corps cillindriques, & extraction de leur racine carré & cubique.

POUR pratiquer geometriquement, & trouver la racine au juſte des corps ſolides, ſpecialement des cilindriques, la plus grandes partie de ceux qui parle de la racine carée ne la connoiſſe que de nom. Et ignore que la ſeule pratique de la racine carré n'eſt produite & mis en uſage que pour la ſeule progreſſions des figures Geometriques, comme l'opperation ſuivante le va faire voir.

Operation ſeptiéme.

Soit propoſé un Cilindre à toiſer de telle meſure que on voudra, & à diſcretion comme le Cilindre, figuré en noſtre planche de trait de qaudrature, cotté par G. en carractere Italien, la baſſe duquel eſt égalle à ſon ſommet ſoit de 24. pieds de diamettre, & la hauteur diceluy ſoit de 30. pieds de hauteur; pour trouver au juſte ſon contenu, en premier lieu il faut cadrer ſa baſſe circulaire, comme nous avons cy-devant enſeigné apres avoir reduit par la pratique du trait ſa courbe ligne, en retiligne de la ſuſdite baſſe, on diviſe cette ligne droite en quatre qui forme le carré d'icelle baſſe, dont un coſté d'iceluy carré ſera ſa racine, lequel faut meſurer par la toiſe du diametre dudit cilindre en queſtion, laquelle eſtant de 24. pieds, il viendra pour ſa circonference juſte 76. pieds, & 19. pieds pour la juſte racine du carré d'icelle circonference, & pour avoir le contenu total d'iceluy carré, il ne faut que multiplier 19. par 19. & vient 361. pied carré

carré pour la ſuperficie carré , de la baſſe du ſuſdit cilindre en queſtion ; & pour le contenu total du ſuſdit cilindre, ayant la baſſe connüe , il ne faut que multiplier 30. pieds pour ſa hauteur, par les 361. pied de ſa baſſe , & viendra 10830. pieds cube par ſon ſolide. Le ſieur Hanrion a grandement herré ſur cette queſtion, attendu qui ne donne aucune raiſon de ſa pratique, ſe fondant ſur l'aproportion de 7 a 22. qu'il dit eſtre juſte à peupres au traité de ſon toiſé familier, ſur la queſtion qu'il propoſe de toiſer un colombier en forme cilindrique page 31.

PROBLEME VIII.

De reduire au quaré parfait tous corps regulier ou iregulier qui ſont courbe ligne.

CETTE reduction, toiſe ou meſures des corps ronds & courbes lignes regarde eſſentiellement l'Architecture civile, en laquelle eſt compriſe la maſſone & charpente pour connoiſtre au juſte les ſuperficies des plains, cintres, & ſurbaiſſez, domes, voutes, de raiſte arc de cloîtres, hanſe de panier.

Operation huitiéme.

Soit propoſé à toiſer avec ſcience & pratique un plain cintre de telle largeur que l'on voudra, entre deux inpoſte, on doit toiſer en cette ſorte par deux operations. En premier lieu faut inſcrire ou diſſigner ſur voſtre papier un demy cercle, auquel vous donnerez pareil diamettre, de pied ou toiſe que vous en avez meſuré en le grand, tant en largeur que de hauteur, ce que eſtant fait vous quadrez ou reduiſe la courbe ligne de voſtre ſuſdit ceintre, en ſa ligne droite, comme i'ay enſeigné cy-devant, & meſurez ladite ligne droite par la meſure du ſuſdit diamettre d'iceluy.

La ſeconde opperation, eſt, qu'il faut meſurer l'épeſſeur dudit cintre ou arc, ſoit ſuppoſé de 6. pieds, ſa courbe ligne ou cintre reduite en ligne droite, ſoit ſuppoſé de 19. toiſes, multiplient 19. par 6. vient 114. pieds quarez, leſquels faut diviſer par 36. pieds valeur de la toiſe quarrée, & on aura le contenu juste d'iceluy, valant 3. toises & $\frac{18}{36}$ de toise.

PROBLEME IX.

De quadrer & toiser les superficies, ronde d'un puy & des cintres surbaissez en la massonne.

SE Probleme est composé pour la pratique mecanique du toisé des courbes lignes, specialement des superficies rondes d'un puy, & des cintres surbaissez en l'arc de massonne, comme les arcs de cloistres, voutres dayraite, anse de panier, callotte & cul de four, selon les opperations suivantes.

Operation de la pratique du puy.

Pour ce qui concerne le toisé d'un puy, il n'en sera fait d'autre demonstration que celle que nous avons donné du cilindre, attendu que c'est une méme pratique, observant seulement de pratiquer inversement ladite regle du susdit cilindre, c'est à dire ce que le cilindre est en hauteur, le puy l'est en profondeur.

Pour le toiſé des cintres ſurbeſſez, on doit obſerver de faire les deux opperations, que de pratique que nous avons cy-devant enſeigné pour le juſte toiſé, des plains cintres, en demy cercle, & au toizé en queſtion des ſuſdits arcs de cloiſtres, voutes dayreſte, anſe de panier, que nous nommons cintre ſurbaiſez, on fait une troiſiéme operation en cette ſorte.

Qui eſt que apres avoir meſuré ou toiſé leur ouverture entre deux impoſte ou leur largeur, & par conſequent leur eſpeſſeur; pour ladite troiſiéme opperation, il faut prendre une ligne ou grande regle la poſer de niveau ſur les ſuſdites impoſtes des cintres, & du milieu d'entre leſdites impoſtes & vous decrivez une prependiculaire, partant du milieu des ſuſdits cintres paſſent par le milieu de voſtre ligne de niveau, ou reglée entre les ſuſdites impoſtes, & par là vous obſervez de combien voſtredit cintre eſt ſurbaiſſe de ſon diamettre ſi ſes de $\frac{1}{2}$ $\frac{1}{3}$ ou $\frac{1}{4}$ $\frac{1}{5}$ ou $\frac{2}{6}$ &c. apres quoy vous reduiſé la courbe ligne du ſuſdit cintre à toiſer en la ligne droite, ainſi que nous avons montré au toisé du plain cintre, & soustrayez d'iceluy plain cintre, ce que vous avez trouvé en vostre voute surbasse du tiers ou quart de son diamettre, lesquels $\frac{1}{3}$ ou $\frac{1}{4}$ faut oster, & le suplus est le requis & juste mesure de vostre cintre en question.

FIN.

Extrait du Privilege du Roy.

PAR grace & Privilege du Roy, donné à Saint Germain le vingt-ſeptiéme jour d'Avril 1676. ſignez PAR LE ROY, en ſon Conſeil DALENCE' : Il eſt permis à Charles de Sercy Marchand Libraire à Paris d'imprimer ou faire imprimer par qui bon luy ſemblera, *La Couſtume de Chalons*, commentée par le ſieur de BILLECAR Avocat en Parlement, *Et la Geometrie Françoiſe*, compoſée par le Sieur DE BEAULIEU, durant le temps de dix années, à commencer du jour que leſdits Livres ſeront achevez d'imprimer pour la premier fois : Et deffences ſont faites à toutes Perſonnes de quelque qualité & conditions qu'elles ſoient d'imprimer & contrefaire leſdits Livres ſans le conſentement de l'Expoſant, ou de ceux qui auront droit de luy à peine au contrevenant de trois mil livres d'amende, & confiſcation des Exemplaires contrefaits de tous dépens dommages & intereſts, ainſi que plus au long porté par ledit Privilege.

Regiſtré ſur le Livre de la Communauté des Libraires & Imprimeurs, ſuivant l'Arreſt du Parlement du huitiéme Avril 1665. Signé THIERRY Scindic.

Achevez d'imprimer le 30. Avril 1676.

www.ingramcontent.com/pod-product-compliance
Ingram Content Group UK Ltd.
Pitfield, Milton Keynes, MK11 3LW, UK
UKHW021055230726
13926UKWH00004B/1857